1+X职业技能等级证书配套系列教材

Java应用开发

（中、高级）

北京中软国际信息技术有限公司　组织编写

熊君丽　戴　胜　张诗源　主　编

曾文权　主　审

中国教育出版传媒集团

高等教育出版社·北京

内容提要

本书为 1+X 职业技能等级证书配套系列教材之一，以《Java 应用开发职业技能等级标准（中级、高级）》为依据，由北京中软国际信息技术有限公司组织编写。

本书采用项目化编写模式，共分为 4 个项目，围绕"餐厅点餐系统"开发案例，从开源框架、前后端分离的服务接口应用开发、企业应用架构设计和容器化微服务架构设计、开发与实施 4 个进阶层次，全面、翔实地介绍 Java EE 开发所需要的各种知识以及软件安装、测试到部署的项目开发技能。全书通过构建 31 个学习任务和学习情境，引导学生学习 Java EE 应用开发的相关知识与技能，并培养其应用所学完成实际任务的能力。

本书配有微课视频、电子课件（PPT）、任务源码及习题解答等数字化学习资源。与本书配套的数字课程"Java 应用开发"在"智慧职教"平台（www.icve.com.cn）上线，学习者可以登录平台进行在线学习，也可以通过扫描书中二维码观看教学视频，详见"智慧职教"服务指南。教师可发邮件至编辑邮箱 1548103297@qq.com 获取相关教学资源。

本书可作为 Java 应用开发 1+X 职业技能等级证书（中级、高级）认证的相关教学和培训教材，也可作为高等职业院校 Java 类课程的相关教学用书，还可供有一定 Java 编程基础的开发人员自学参考，为将来从事 Java 后端开发、大规模数据库开发、系统接口测试、系统部署和运维、产品架构及接口设计、系统实施和优化等工作打下良好基础。

图书在版编目（CIP）数据

Java 应用开发：中、高级／北京中软国际信息技术有限公司组织编写；熊君丽，戴胜，张诗源主编. -- 北京：高等教育出版社，2022.11

ISBN 978-7-04-059148-4

Ⅰ.①J… Ⅱ.①北… ②熊… ③戴… ④张… Ⅲ.①JAVA 语言-程序设计-高等职业教育-教材 Ⅳ.①TP312.8

中国版本图书馆 CIP 数据核字（2022）第 142421 号

Java Yingyong Kaifa

| 策划编辑 | 刘子峰 | 责任编辑 | 刘子峰 | 封面设计 | 李卫青 | 版式设计 | 杨 树 |
| 责任绘图 | 李沛蓉 | 责任校对 | 张 薇 | 责任印制 | 田 甜 | | |

出版发行	高等教育出版社	网 址	http://www.hep.edu.cn
社 址	北京市西城区德外大街 4 号		http://www.hep.com.cn
邮政编码	100120	网上订购	http://www.hepmall.com.cn
印 刷	北京市白帆印务有限公司		http://www.hepmall.com
开 本	787 mm×1092 mm 1/16		http://www.hepmall.cn
印 张	19.25		
字 数	360 千字	版 次	2022 年 11 月第 1 版
购书热线	010-58581118	印 次	2022 年 11 月第 1 次印刷
咨询电话	400-810-0598	定 价	53.80 元

"智慧职教"服务指南

"智慧职教"（www.icve.com.cn）是由高等教育出版社建设和运营的职业教育数字教学资源共建共享平台和在线课程教学服务平台，与教材配套课程相关的部分包括资源库平台、职教云平台和 App 等。用户通过平台注册，登录即可使用该平台。

● 资源库平台：为学习者提供本教材配套课程及资源的浏览服务。

登录"智慧职教"平台，在首页搜索框中搜索"Java 应用开发"，找到对应作者主持的课程，加入课程参加学习，即可浏览课程资源。

● 职教云平台：帮助任课教师对本教材配套课程进行引用、修改，再发布为个性化课程（SPOC）。

1. 登录职教云平台，在首页单击"新增课程"按钮，根据提示设置要构建的个性化课程的基本信息。

2. 进入课程编辑页面设置教学班级后，在"教学管理"的"教学设计"中"导入"教材配套课程，可根据教学需要进行修改，再发布为个性化课程。

● App：帮助任课教师和学生基于新构建的个性化课程开展线上线下混合式、智能化教与学。

1. 在应用市场搜索"智慧职教 icve" App，下载安装。

2. 登录 App，任课教师指导学生加入个性化课程，并利用 App 提供的各类功能，开展课前、课中、课后的教学互动，构建智慧课堂。

"智慧职教"使用帮助及常见问题解答请访问 help.icve.com.cn。

前　言

2019 年国务院印发的《国家职业教育改革实施方案》中提出，促进产教融合，校企"双元"育人，构建职业教育国家标准，启动 1+X 证书制度试点工作。在此背景下，作为教育部批准的第四批 1+X 培训评价组织，北京中软国际信息技术有限公司（以下简称"中软国际"）依据《Java 应用开发职业技能等级标准》，与广东科学技术职业学院（以下简称"广科院"）联合开发了本系列教材。

本书采用项目化编写模式，以职业能力培养为本位，以一个具体项目为内容载体，构建相应的学习任务和学习情境，引导学生学习 Java 应用开发的相关知识与技能，并培养其应用所学完成实际任务的能力。

本书编者在总结了多年 Java 开发实践与教学经验的基础上，围绕"餐厅点餐系统"项目，从开源框架、前后端分离的服务接口应用开发、企业应用架构设计和容器化微服务架构设计、开发与实施 4 个进阶层次，全面、翔实地介绍 Java EE 开发所需要的各种知识以及软件安装、测试到部署的项目开发技能。全书共分为 4 个项目，项目 1 以掌握 Spring、MyBatis、Spring MVC 等开源框架的搭建及使用为目标，分解为框架搭建、模块实训、安装部署等 7 个任务，讲解 Spring-MyBatis 集成、声明式事务与编程式事务技术；项目 2 以掌握 Java EE 开源框架编写 API 技术为目标，讲述 Spring Boot 框架构建后端项目、使用项目管理工具 Maven 对 Java 项目进行构建及依赖管理、通过 Spring Security 框架和 JWT 完成接口的权限控制功能；项目 3 以掌握企业应用架构设计、开发与部署，了解企业应用架构的设计思路为目标，讲解 Redis 缓存用户登录信息、使用 RocketMQ 分布式消息系统完成高并发秒杀功能、实现系统日志消息采集系统容器化的部署方式、实现 Docker 镜像制作与部署等服务；项目 4 以掌握微服务架构的设计、开发与部署，了解微服务架构的设计思路为目标，讲解 Eureka 框架构建服务注册中心、使用 Feign 框架便捷地调用服务接口、使用 Hystrix 框架实现容错处理等微服务技术框架、实现系统容器化的部署方式。

　　本书的项目及任务紧紧围绕《Java 应用开发职业技能等级标准（中级、高级）》的要求，重点培养学生在企业实际生产环境中的通用职业技能。此外，每个任务后的"知识小结"模块都配有与等级证书相对应的技能对照表，帮助学生梳理知识体系；每个项目后都配有覆盖相关知识与技能的课后练习题，起到巩固所学的作用。

　　广东科学技术职业学院的熊君丽确定了本书的编写体例和技术载体项目，中软卓越研究院副院长周海、杨强负责本书对应项目设计。在教材开发前期，团队成员确立了知识与任务难度并行递进的项目化教材编写方式，张诗源负责编写项目 1 和项目 2，戴胜负责编写项目 3，熊君丽负责编写项目 4，最后由广科院计算机工程技术学院院长曾文权完成全书的审稿工作。在此，感谢所有参与教材开发的团队成员们自始至终携手共进、互相勉励，突破了校企沟通的时空障碍，顺利完成了本书的编撰工作。另外，还要特别感谢中软国际战略规划部以及广科院的领导对教材联合开发工作给予的大力支持！

　　由于编者水平有限，书中错误及不妥之处在所难免，恳请广大专家、读者批评指正。

编　者

2022 年 6 月

目 录

项目 1　开源框架的开发

学习目标

本项目主要学习 Java EE 开源框架，掌握 Spring、MyBatis、Spring MVC 等开源框架的搭建及使用，掌握 Spring-MyBatis 集成，了解声明式事务与编程式事务；同时，通过标准软件开发过程实践，熟悉软件开发过程、开发规范、项目管理知识，提升工程实践能力。

项目介绍

PPT：项目 1
开源框架的
开发

本项目以餐厅点餐系统为载体，基于 Web（SSM 开源框架）提供餐饮场所的餐台管理、点菜录单、结算、信息反馈与传递等功能，为经营管理提供一整套高效、稳定可靠、先进的解决方案，改变餐饮等行业的手工经营方式，提高服务效率和顾客满意程度，提升店面形象，最终提升企业竞争力与经营效益。项目一般包含以下几个功能：

1）菜品及员工管理。

2）餐台点菜。

3）后厨备餐。

4）其他功能。

知识结构

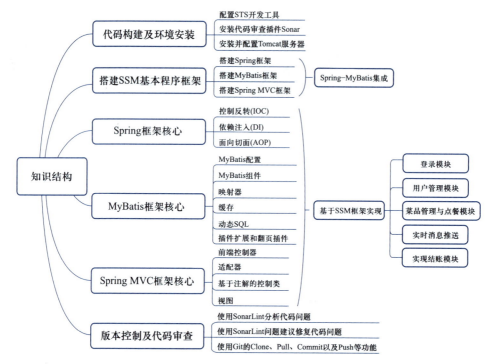

任务 1.1 搭建代码构建、审查和版本管理环境

微课 1-1
搭建代码构建、审查
和版本管理环境

任务描述

Spring Tools Suite 是跨平台的自由集成开发环境，本任务在 Windows 10 系统环境下安装并配置 Spring Tools Suite 开发环境。

知识准备

1. Spring Tools Suite

Spring Tools Suite（STS）是一个开放源代码的、基于 Java 的可扩展开发平台，为开发基于 Spring 的企业应用程序提供支持。就其本身而言，它只是一个框架和一组服务，用于通过插件组件构建开发环境。

STS 的特点如下：

1）开源，不需要支付额外的费用。

2）支持大型的企业级项目。

3）附带了常用标准的插件集，包括 Java 开发工具（Java Development Kit，JDK）。

4）可以在各种编码环境中使用，可以全功能集成 Eclipse、Visual Studio 和 Theia IDEA。

2. Sonar

Sonar 是一个用于代码质量管理的开源平台，通过插件形式，可以支持包括 Java、C#、C/C++、PL/SQL、Cobol、JavaScript、Groovy 等 20 多种编程语言的代码质量管理与检测。

3. Git

Git 是一个开源的分布式版本控制系统，用于敏捷、高效地处理任何项目。与常用的版本控制工具 CVS、Subversion 等不同，Git 采用分布式版本库的方式，无须服务器端软件支持。

任务实施

步骤 1：安装 Spring Tools Suite。

1）使用浏览器访问 Spring Tools Suite 下载页面，下载对应系统版本的安装文件，如图 1-1 所示。

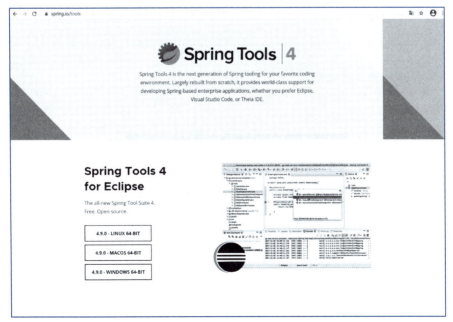

图 1-1　Spring Tools Suite 下载页面

2）在 Windows 系统下安装 Spring Tools Suite。在 cmd 命令窗口中，使用 cd 命令将目录切换到下载安装包的文件夹下，运行 "java -jar spring-tool-suite-4-4.9.0.RELEASE-e4.18.0-win32.win32.x86_64.self-extracting.jar" 命令，解压 Spring Tools Suite 安装包，如图 1-2 所示。

图 1-2　解压 Spring Tools Suite 安装包

3）启动 Spring Tools Suite 开发工具。压缩程序运行完成后，在 jar 文件所在目录生成 sts-4.9.0.RELEASE 文件夹，在该文件夹中双击 SpringToolSuite4.exe 即可打开 STS，如图 1-3 所示。

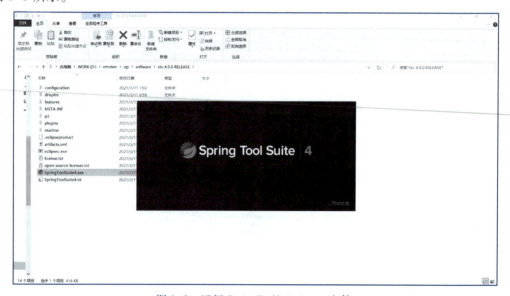

图 1-3　运行 SpringToolSuite4.exe 文件

4）选择工作目录，单击"确定"按钮，进入 STS 的默认工作界面，如图 1-4 所示。至此，STS 的安装就完成了。

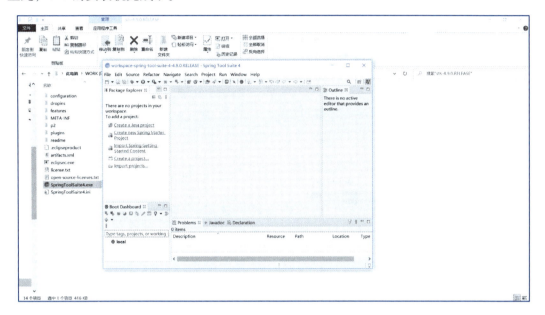

图 1-4　STS 安装成功

步骤 2：安装 Sonar 审查插件。

1）搜索 Sonar 插件，选择 Help→Eclipse Marketplace 命令，打开 Eclipse 插件市场，如图 1-5 所示。

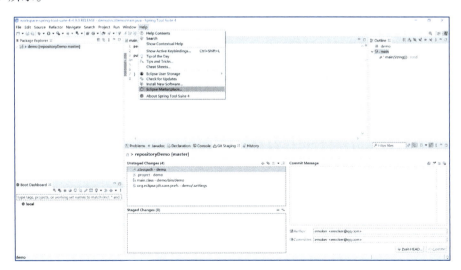

图 1-5　打开 Eclipse 插件市场

2）在 Find 输入框中输入"SonarLint"，按 Enter 键进行搜索，然后单击 Install 按钮安装 SonarLint 插件，过程如图 1-6 所示。

图 1-6   安装 SonarLint 插件

3）选中"I accept the terms of the license agreement"单选按钮，然后单击 Finish 按钮进行安装，如图 1-7 所示。

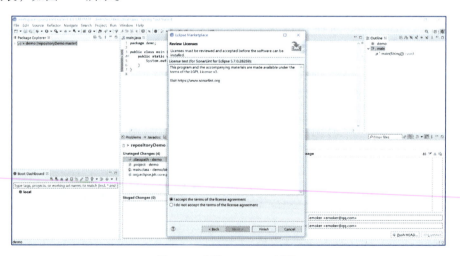

图 1-7   安装 SonarLint 插件

4）重启 STS，右击项目名，在弹出的快捷菜单中出现 SonarLint，说明插件安装成功，如图 1-8 所示。

步骤 3：安装 Git 版本管理插件。

选择 Help→Eclipse Marketplace 命令，打开 Eclipse 插件市场，在 Find 输入框中输入"git"，按 Enter 键进行搜索，可以看到 STS 自带了 EGit 版本管理插件，无须安装，如图 1-9 所示。

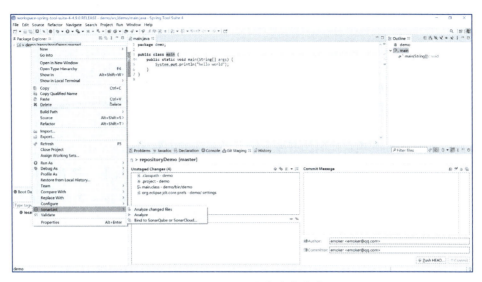

图 1-8　SonarLint 插件安装成功

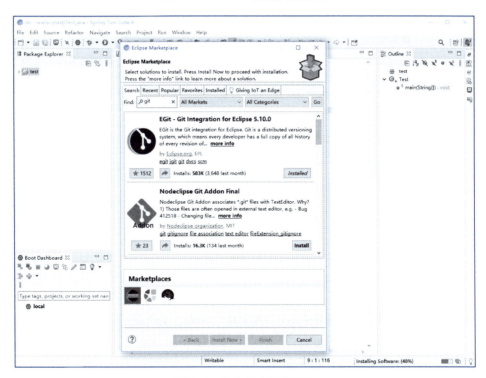

图 1-9　EGit 版本管理插件

步骤 4：安装动态 Web 工程插件。

构建动态 Web 工程需要 Java EE 插件，但 STS 默认不带该插件，因此需要手动安装。选择 Help -> Install New Software 命令，在 WorkWith 下拉列表中选择"-All Available Sites"，选中"Web, XML, Java EE and OSGi Enterprise Development"项下的"Eclipse Java EE Developer Tools"复选框，然后单击 Next 按钮，安装完毕后重启即完成 Java EE 插件的安装。

　　步骤 5：配置 Tomcat 服务。

　　STS 中 Tomcat 服务的配置方式请参见初级教材中项目 4 的任务 4.1。

知识小结 【对应证书技能】

　　掌握构建 Java Web 项目代码的开发环境，首先能够安装 Spring Tools Suite 开发工具用于编辑项目代码，其次集成 Sonar 插件用于检测代码中的错误和漏洞，接着安装 Git 插件进行代码版本管理，再安装 Java EE Developer Tools 用于自动构建 Java Web 项目，最后配置 Tomcat 服务器用于运行项目。

　　本任务知识技能点与等级证书技能的对应关系见表 1-1。

表 1-1　任务 1.1 知识技能点与等级证书技能对应

任务 1.1 知识技能点		对应证书技能			
知识点	技能点	工作领域	工作任务	职业技能要求	等级
1. Java Web 开发环境构建	1. 配置 STS 开发工具 2. 安装代码检查、版本管理插件 3. 安装配置 Tomcat 服务器	1. 开发环境搭建	1.1 开发环境搭建	1.1.1 熟悉开发环境基本配置（快捷键、皮肤、语法检查等） 1.1.2 熟练掌握在开发环境中配置单元测试（JUnit 等）、代码检查、代码格式化、对象自动生成等工具 1.1.3 熟练掌握在开发环境中配置代码版本服务器、数据库访问和测试环境中间件容器（Tomcat 等）	中级

任务 1.2　搭建 SSM 基本程序框架

微课 1-2
搭建 SSM
基本程序框架

任务描述

　　SSM（Spring+Spring MVC+MyBatis）框架由 Spring、MyBatis 两个开源框架整合而成（Spring MVC 是 Spring 中的部分内容），常作为数据源较简单的 Web 项目的框架。本任务是在 Spring Tools Suite 中搭建 SSM 基本程序框架。

知识准备

　　因为 Spring MVC 是 Spring 框架中的一个子模块，所以 Spring 与 Spring MVC 之间不存在整合的问题。实际上，SSM 框架的整合只涉及 Spring 与 MyBatis 的整合以及 Spring MVC 与 MyBatis 的整合。实现 SSM 框架的整合需要具备以下条件：

1）3 个框架以及其他整合所需要的 jar 包。

2）3 个框架的配置内容以及整合所需要的配置设置。

任务实施

步骤 1：搭建 Spring 框架。

1）在项目 OrderSysSSM/src/main/java 中新建包路径 com. chinasofti，如图 1-10 所示。

2）创建项目资源文件夹 resources，如图 1-11 所示。选中 resources 文件夹，右击，选择 Build Path→Use as Source Folder 命令。

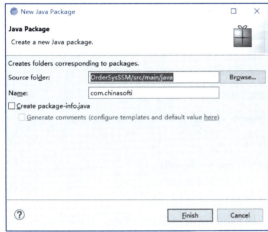

图 1-10　新建项目根路径包

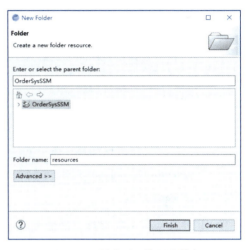

图 1-11　创建项目资源文件夹

3）复制 Spring 框架的 jar 包到项目 OrderSysSSM/WebRoot/WEB-INF/lib 目录下，如图 1-12 所示。

图 1-12　Spring 框架的 jar 包

4）在 OrderSysSSM/resources 目录下创建 applicationContext-beans. xml 配置文件，配置 Spring 组件扫描路径，用于扫描前面创建的项目根路径包下所有带组件注解的类。配置代码如下：

```xml
<?xml version="1.0" encoding="UTF-8"?>
<beans xmlns="http://www.springframework.org/schema/beans"
    xmlns:xsi="http://www.w3.org/2001/XMLSchema-instance"
    xmlns:context="http://www.springframework.org/schema/context"
    xmlns:mvc="http://www.springframework.org/schema/mvc"
    xsi:schemaLocation="http://www.springframework.org/schema/mvc
http://www.springframework.org/schema/mvc/spring-mvc-3.1.xsd
    http://www.springframework.org/schema/beans
http://www.springframework.org/schema/beans/spring-beans-3.0.xsd
    http://www.springframework.org/schema/context
http://www.springframework.org/schema/context/spring-context-3.0.xsd">
    <!-- 注解探测器，在 JUnit 测试时需要-->
    <context:component-scan base-package="com.chinasofti"/>
</beans>
```

5）修改 web. xml 文件，增加 Spring 容器，加载配置文件路径。配置代码如下：

```xml
<!-- 设置 Spring 容器,加载配置文件路径 -->
<context-param>
    <param-name>contextConfigLocation</param-name>
    <param-value>classpath:applicationContext-*.xml</param-value>
</context-param>
```

步骤 2：搭建 MyBatis 框架。

1）复制 MyBatis 框架及 MySQL 8 数据库驱动程序的 jar 包到项目 OrderSysSSM/WebRoot/WEB-INF/lib 目录下，如图 1-13 所示。

2）创建 OrderSysSSM/resources/mybatis. xml 配置文件，配置代码如下：

```xml
<?xml version="1.0" encoding="UTF-8"?>
<!DOCTYPE configuration PUBLIC "-//mybatis.org//DTD Config 3.0//EN"
"http://mybatis.org/dtd/mybatis-3-config.dtd">
<configuration>
</configuration>
```

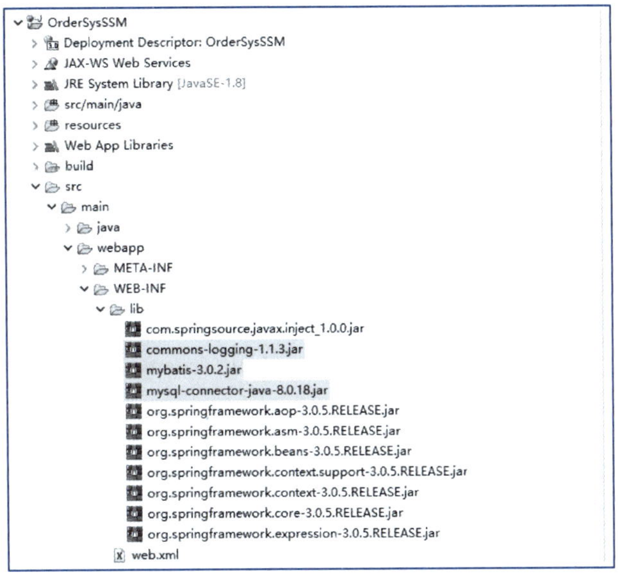

图 1-13　MyBatis 框架及 MySQL 8 数据库驱动程序的 jar 包

步骤 3：Spring-MyBatis 集成。

1）复制 Spring-MyBatis 集成及 Spring ORM、OXM、JDBC、事务支持等 jar 包到项目
OrderSysSSM/WebRoot/WEB-INF/lib 目录下，如图 1-14 所示。

图 1-14　Spring-MyBatis 集成及 Spring ORM、OXM、JDBC、事务支持等 jar 包

　　2）创建 OrderSysSSM/resources/applicationContext-common.xml 配置文件，设置数据源、会话工厂并指定持久层包路径。配置代码如下：

```xml
<?xml version="1.0" encoding="UTF-8"?>
<beans xmlns="http://www.springframework.org/schema/beans"
    xmlns:xsi="http://www.w3.org/2001/XMLSchema-instance"
    xmlns:tx="http://www.springframework.org/schema/tx"
    xmlns:aop="http://www.springframework.org/schema/aop"
    xmlns:context="http://www.springframework.org/schema/context"
    xmlns:util="http://www.springframework.org/schema/util"
    xmlns:p="http://www.springframework.org/schema/p"
    xmlns:cache="http://www.springframework.org/schema/cache"
    xsi:schemaLocation="http://www.springframework.org/schema/beans
    http://www.springframework.org/schema/beans/spring-beans-3.0.xsd
    http://www.springframework.org/schema/tx
    http://www.springframework.org/schema/tx/spring-tx-3.0.xsd
    http://www.springframework.org/schema/context
    http://www.springframework.org/schema/context/spring-context-3.0.xsd
    http://www.springframework.org/schema/util
    http://www.springframework.org/schema/util/spring-util-3.0.xsd
    http://www.springframework.org/schema/cache
    http://www.springframework.org/schema/cache/spring-cache.xsd">
    <!-- 配置 DataSource 数据源 -->
    <bean id="dataSource"
    class="org.springframework.jdbc.datasource.DriverManagerDataSource">
        <property name="driverClassName" value="com.mysql.cj.jdbc.Driver" />
        <property name="url" value="jdbc:mysql://127.0.0.1:3306/ordersys?useSSL=false&amp;useUnicode=true&amp;characterEncoding=utf-8&amp;serverTimezone=GMT%2B8" />
        <property name="username" value="root" />
        <property name="password" value="root" />
    </bean>
    <!-- 配置 SqlSessionFactoryBean -->
    <bean id="sqlSessionFactory" class="org.mybatis.spring.SqlSessionFactoryBean">
```

```
            <property name="dataSource" ref="dataSource" />
        </bean>
        <!-- 通过扫描的模式,扫描目录在 com.chinasofti.ordersys.mapper 目录下,所有
的 mapper 都继承 SqlMapper 接口的接口,这样一个 bean 就可以了 -->
        <bean class="org.mybatis.spring.annotation.MapperScannerPostProcessor">
            <property name="basePackage" value="com.chinasofti.ordersys.mapper" />
            <property name="sqlSessionFactoryBeanName" value="sqlSessionFactory" />
        </bean>
</beans>
```

3）在 MySQL 8 中创建数据库 ordersys，设置数据库编码为 UTF-8，并导入提供的 OrderSys.sql 文件。代码如下：

```
CREATE SCHEMA 'ordersys' DEFAULT CHARACTER SET utf8;
```

4）创建 com.chinasofti.ordersys.mapper 持久层的包路径，如图 1-15 所示。

步骤 4：搭建 Spring MVC 框架。

1）复制 Spring MVC 框架及 jstl、standard 的 jar 包到项目 OrderSysSSM/WebRoot/WEB-INF/lib 目录下，如图 1-16 所示。

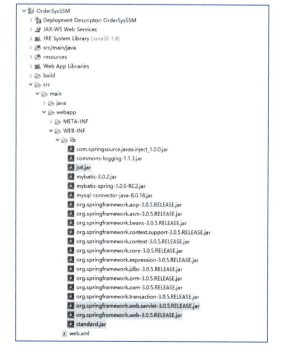

图 1-15　创建持久层的包路径　　　　　图 1-16　Spring MVC 框架及 jstl、standard 的 jar 包

2）创建 OrderSysSSM/WebRoot/WEB-INF/ordersysspmvc-servlet.xml 配置文件，配置代码如下：

```xml
<?xml version="1.0" encoding="UTF-8"?>
<beans xmlns="http://www.springframework.org/schema/beans"
    xmlns:xsi="http://www.w3.org/2001/XMLSchema-instance"
xmlns:p="http://www.springframework.org/schema/p"
    xmlns:context="http://www.springframework.org/schema/context"
    xmlns:mvc="http://www.springframework.org/schema/mvc"
    xsi:schemaLocation="
http://www.springframework.org/schema/beans
http://www.springframework.org/schema/beans/spring-beans-3.0.xsd
http://www.springframework.org/schema/context
http://www.springframework.org/schema/context/spring-context-3.0.xsd
http://www.springframework.org/schema/mvc http://www.springframework.org/sche-
ma/mvc/spring-mvc-3.0.xsd">
    <!--注解控制器 -->
    <context:component-scan base-package="com.chinasofti" />
    <!-- annotation 默认的方法映射适配器 -->
    <bean id="handlerMapping"
        class="org.springframework.web.servlet.mvc.annotation.DefaultAnnotation-
Handler Mapping" />
    <bean id="handlerAdapter"
        class="org.springframework.web.servlet.mvc.annotation.AnnotationMethod-
HandlerAdapter" />
</beans>
```

3）修改 web.xml 配置文件，加载 Spring 容器配置。配置代码如下：

```xml
<!-- 加载 Spring 容器配置 -->
<listener>
    <listener-class>org.springframework.web.context.ContextLoaderListener</listener-class>
</listener>
<listener>
    <listener-class>org.springframework.web.context.request.RequestContextListener
</listener-class>
</listener>
```

4) 修改 web. xml 配置文件，配置 Spring MVC 核心控制器。注意，servlet-name 默认按（servletName-servlet. xml）格式加载 Spring MVC 的配置文件，即 ordersysspmvc-servlet. xml。配置代码如下：

```
<! --配置 Spring MVC 核心控制器 -->
<servlet>
    <servlet-name>ordersysspmvc</servlet-name>
    <servlet-class>org. springframework. web. servlet. DispatcherServlet</servlet-class>
</servlet>
<! --为 DispatcherServlet 建立映射 -->
<servlet-mapping>
    <servlet-name>ordersysspmvc</servlet-name>
    <url-pattern> * . order</url-pattern>
</servlet-mapping>
```

5) 修改 web. xml 配置文件，配置项目编码过滤器。配置代码如下：

```
<! -- 配置项目编码过滤器 -->
<filter>
    <filter-name>CharacterEncodingFilter</filter-name>
    <filter-class>org. springframework. web. filter. CharacterEncodingFilter</filter-class>
    <init-param>
        <param-name>encoding</param-name>
        <param-value>utf-8</param-value>
    </init-param>
</filter>
<filter-mapping>
    <filter-name>CharacterEncodingFilter</filter-name>
    <url-pattern>/ * </url-pattern>
</filter-mapping>
```

知识小结　【对应证书技能】

SSM 框架是 Spring、Spring MVC 和 MyBatis 这 3 个开源框架组成的框架集的简称，它们是在 Java EE 基础上创建的用于快速构建用户应用系统的软件框架集。SSM 常作为数据源较简单的 Web 项目的开发工具。

Spring 是一个轻量级的控制反转（IoC）和面向切面编程（AOP）的容器框架。

Spring MVC 分离了控制器、模型对象、分派器以及处理程序对象的角色，这种分离让它们更容易进行定制。

MyBatis 是一个支持普通 SQL 查询、存储过程和高级映射的优秀持久层框架。

本任务知识技能点与等级证书技能的对应关系见表 1-2。

表 1-2　任务 1.2 知识技能点与等级证书技能对应

任务 1.2 知识技能点		对应证书技能			
知识点	技能点	工作领域	工作任务	职业技能要求	等级
2. 开源框架的集成	1. 搭建 Spring 框架 2. 搭建 MyBatis 框架 3. Spring-MyBatis 集成 4. 搭建 Spring MVC 框架	2. 应用开发	2.3 企业框架应用开发	2.3.9 熟练掌握 Spring 框架、Spring MVC 框架和 MyBatis 框架的集成	中级

任务 1.3　实现登录模块

任务描述

本任务将基于 SSM 开源框架完成用户的登录和退出功能，完成登录页面的显示以及登录验证码的显示和校验，当填写的账号、密码、验证码均无误时，将自动识别当前登录的账号是什么角色，并跳转到对应角色的主页面，最后可以通过退出功能退出系统。

知识准备

1. Spring 框架

Spring 框架是针对软件开发的复杂性而创建的，其使用基本的 JavaBean 来完成以前只可能由 EJB 完成的事情。然而，Spring 的用途不仅仅限于服务器端的开发。从简单性、可测试性和松耦合性角度而言，绝大部分 Java 应用都可以从 Spring 中受益。核心知识点：

1）控制反转（Inversion of Control，IoC）；

2）依赖注入（Dependency Injection, DI）;

3）面向切面编程（Aspect Oriented Programming, AOP）;

2. Spring MVC 框架

Spring MVC 框架是 Spring 提供给 Web 应用的框架设计，其角色划分清晰、分工明细，并且和 Spring 框架无缝结合。作为当今业界最主流的 Web 开发框架，Spring MVC 已经成为当前最热门的开发技能，同时也广泛用于桌面开发领域。核心知识点：

1）前端控制器（DispatcherServlet）。

2）配置 Handler 适配器。

3）配置注解 Handler 映射器和适配器。

4）基于注解的控制类。

5）视图。

3. MyBatis 框架

MyBatis 框架是一款优秀的持久层框架，支持自定义 SQL、存储过程以及高级映射。MyBatis 免除了几乎所有的 JDBC 代码以及设置参数和获取结果集的工作。核心知识点：

1）MyBatis 组件。

2）MyBatis 配置。

3）映射器。

4）缓存。

5）动态 SQL。

6）运行原理。

7）MyBatis 插件扩展和翻页插件。

任务实施

步骤 1：引入常用项目工具包。

将提供的 src/main/java 文件夹下的文件复制到 OrderSysSSM/src/main/java 目录中，结果如图 1-17 所示。

步骤 2：引入项目前端资源包。

将提供的 src/main/webapp 文件夹下的文件复制到 OrderSysSSM/src/main/webapp 目录中，结果如图 1-18 所示。

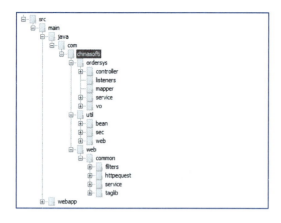

图 1-17　工具包文件放置位置　　　　　　　图 1-18　工具包文件放置位置

下面介绍导入的前端资源包。

1）src/main/webapp 目录下的静态资源包见表 1-3。

表 1-3　静态资源包

包　　名	功　　能
bootstrap	bootstrap 框架资源文件夹
css	项目样式资源文件夹
font	项目字体资源文件夹
img	项目图片资源文件夹
js	项目脚本资源文件夹
pages	项目页面资源文件夹

2）src/main/webapp 目录下的页面介绍见表 1-4。

表 1-4　webapp 目录

页　　面	功　　能
index. jsp	项目默认首页，重定向到登录页面 login. jsp
login. jsp	项目登录页面
main. jsp	项目主视图页面

步骤 3：设置项目默认首页，实现自动跳转到登录页面。

1）修改/WEB-INF/web. xml 配置文件，并设置系统默认首页。代码如下：

```
<welcome-file-list>
    <welcome-file>index. jsp</welcome-file>
</welcome-file-list>
```

2）在 webapp 目录下新建 index.jsp 文件，并重定向到 pages/login.jsp 登录页面。核心代码如下：

```
<jsp:forward page="pages/login.jsp"></jsp:forward>
```

步骤 4：完成登录页面。

pages/login.jsp 登录页面中登录表单的主要知识点如下：

① 使用<form>标签包围所有要提交的表单数据，提交地址为 action="login.order"。

② 提交表单名分别为 userAccount、userPass 和 codetext，分别对应提交用户名、密码及验证码到服务器。

③ 通过<c:if test="${not empty ERROR_MSG}">来判断是否有错误信息提示。

④ 通过 type 为 submit 的<button>来触发提交表单。

核心视图代码如下：

```
<form role="form" method="post" action="login.order">
    <h2 class="text-center">点餐系统登录</h2>
    <c:if test="${not empty ERROR_MSG}">
        <div class="alert alert-danger alert-dismissible" role="alert">
            <button type="button" class="close" data-dismiss="alert"
                aria-label="close">
                <span aria-hidden="true">&times;</span>
            </button>
            ${ERROR_MSG}
        </div>
    </c:if>
    <div class="form-group login-text" style="text-align: left;">
        <label>用户名:</label><input type="text" class="form-control"
            name="userAccount" value="${USER_INFO.userAccount}" placeholder
="请输入您的用户名" required autofocus>
    </div>
    <div class="form-group login-text" style="text-align: left;">
        <label>密   码:</label><input type="password"
            class="form-control" name="userPass" value="${USER_INFO.userPass}"
placeholder="请输入您的密码" required>
    </div>
```

```
<div class="form-group login-text" style="text-align: left;">
    <label>验证码: </label><input class="form-control login-inputcode"
        type="text" name="codetext" onblur="check()" id="codeInput" />
   <img
        id="code" src="savecode.order" onclick="changecode()"
        style="width:100px;height:30px;"> <img alt="" src=""
        id="codeResult" style="width: 30px;height: 30px;display: none">
</div>
<button class="btn btn-lg btn-primary btn-block login-text"
    disabled="disabled" id="goBtu" type="submit">登录</button>
</form>
```

核心脚本代码如下:

```
<script type="text/javascript">
    //更换验证码
    function changecode() {
        document.getElementById("code").src="savecode.order?time="+Math.random();
    }
    //校验验证码
    function check() {
        var code = document.getElementById("codeInput");
        var userCode = code.value;
        var url = "checkcode.order?code=" + userCode + "&time=" + Math.random();
        txtAjaxRequest(url, "get", true, null, checkCallBack, null, null);
    }
    //校验验证码回调函数,设置校验成功或失败状态并显示对应提示图标
    function checkCallBack(txt, obj) {
        var result = document.getElementById("codeResult");
        var go = document.getElementById("goBtu");
        result.style.display = "inline-block";
        if (txt == "OK") {
            result.src = "img/ok.png";
            go.disabled = false;
        } else {
```

```
                    result. src = "img/fail. png";
                    go. disabled = "disabled";
                }
            }
    </script>
```

步骤 5：了解主页面的布局结构。

了解并熟悉 pages/admin/main. jsp 主页面的布局结构，其核心代码如下：

```
<body style = "font-family：微软雅黑" onload = "begin( )">
    <! -- 顶部导航栏 -->
    <nav class = "navbar navbar-inverse navbar-fixed-top"></nav>
    <! -- 左侧菜单栏 -->
    <div class = "container-fluid">
        <div class = "row">
            <div class = "col-sm-3 col-md-2 sidebar"></div>
        </div>
    </div>


    <! -- 主视图-->
    <div class = "col-sm-9 col-sm-offset-3 col-md-10 col-md-offset-2 main"></div><br>
    <! -- 弹出框 -->
    <div class = "modal fade" id = "myModal" tabindex = "-1" role = "dialog" aria-la-
belledby = "myModalLabel">
        <div class = "modal-dialog" role = "document"></div>
    </div>
</body>
```

步骤 6：完成用户登录功能。

1）在 com. chinasofti. ordersys. controller. login 包中新建 LoginController 类，用于处理用户的登录与退出系统。

LoginController 类属性见表 1-5。

表 1-5　LoginController 类属性

属　性　名	说　　明
loginService	判定用户是否登录成功的服务对象

LoginController 类方法见表 1-6。

表 1-6　LoginController 类方法

方　法　名	说　　明
logout（HttpServletRequest request）	用户退出系统方法
login（HttpServletRequest request，HttpServletResponse response）	用户登录系统方法

login（）方法实现步骤如下：

① 创建表单请求自动解析器对象。

② 根据请求解析获取 UserInfo 用户信息对象。

③ 获取数据加密工具对象。

④ 将用户输入的密码用 md5 码方式加密。

⑤ 创建外站非法请求判定服务对象。

⑥ 如果是本站合法请求，创建用户登录服务对象，执行登录判定并跳转到相应页面。

⑦ 如果是外站非法请求，在会话中保存用户填写的信息，跳转到非法请求提示页面。

login（）方法代码如下：

```
@RequestMapping（"/login"）
public String login（HttpServletRequest request，HttpServletResponse response）｛
    // 创建表单请求自动解析器对象
    MultipartRequestParser parser = new MultipartRequestParser（）;
    // 根据请求解析获取 UserInfo 用户信息对象
    UserInfo info = （UserInfo）parser. parse（request，UserInfo. class）;
    // 获取数据加密工具对象
    Passport passport = new Passport（）;
    // 将用户输入的密码用 md5 码方式加密
    info. setUserPass（passport. md5（info. getUserPass（）））;
    // 创建外站非法请求判定服务对象
    DomainProtectedService domainService = new DomainProtectedService（）;
    // 如果是本站合法请求
    if（domainService. isFromSameDomain（））｛
        // 创建用户登录服务对象
        //LoginService loginService = new LoginService（）;
        // 执行登录判定
        switch（loginService. login（info））｛
```

```
// 如果用户名错误
case LoginService.WRONG_USERNAME:
    // 在作用域中保存用户名不存在的错误提示
    request.setAttribute("ERROR_MSG", "用户名不存在!");
    // 在作用域中保存用户填写的信息
    request.setAttribute("USER_INFO", info);
    // 跳转回登录页面
    return "/pages/login.jsp";
    // 如果密码错误
case LoginService.WRONG_PASSWORD:
    // 在作用域中保存密码错误的错误提示
    request.setAttribute("ERROR_MSG", "用户密码不匹配!");
    // 在作用域中保存用户填写的信息
    request.setAttribute("USER_INFO", info);
    // 跳转回登录页面
    return "/pages/login.jsp";
    // 如果登录成功
case LoginService.LOGIN_OK:
    // 在会话信息中保存用户的详细信息
    request.getSession().setAttribute("USER_INFO",
        loginService.getLoginUser());
    // 判定用户身份
    switch (loginService.getLoginUser().getRoleId()) {
    // 如果是餐厅管理员
    case 1:
        // 跳转到管理员主页面
        return "redirect:toadminmain.order";
        // 如果是后厨人员
    case 2:
        // 跳转到后厨人员主页面
        return "redirect:tokitchenmain.order";
        // 如果是餐厅服务员
    case 3:
```

```
                    // 跳转到服务员主页面
                    return "redirect:towaitermain. order";
                }
            break;
        // 如果用户已经被锁定
        case LoginService. WRONG_LOCKED:
            // 在作用域中保存用户被锁定的错误提示
            request. setAttribute("ERROR_MSG", "该用户已经被锁定!");
            // 在作用域中保存用户填写的信息
            request. setAttribute("USER_INFO", loginService. getLoginUser());
            // 跳转回登录页面
            return "/pages/login. jsp";
            // 如果用户已经在线
        case LoginService. USER_ALREADY_ONLINE:
            // 在作用域中保存用户已经在线的错误提示
             request. setAttribute("ERROR_MSG", "该用户已经在线,不能重复
登录!");
            // 在作用域中保存用户填写的信息
            request. setAttribute("USER_INFO", info);
            // 跳转回登录页面
            return "/pages/login. jsp";
        }
        // 如果是外站非法请求
    } else {
        // 在会话中保存用户填写的信息
        request. getSession(). setAttribute("USER_INFO", info);
        // 跳转到非法请求提示页面
        return "redirect:todomainerror. order";
    }
    return "";
}
```

logout( )方法实现步骤如下:

① 获取用户会话信息。

② 如果已经登录。

③ 删除登录信息。

logout( )方法代码如下:

```
@RequestMapping("/logout")
public String logout(HttpServletRequest request) {
    // 获取用户会话信息
    HttpSession session = request.getSession();
    // 如果已经登录
    if (session.getAttribute("USER_INFO") != null) {
        // 删除登录信息
        session.removeAttribute("USER_INFO");
    }
    return "redirect:/";
}
```

2) 在 com.chinasofti.ordersys.controller.common 包中新建 SaveCodeController 类, 用于实现验证码功能。代码如下:

```
@RequestMapping("/savecode")
public void getSaveCode(HttpServletRequest request,
    HttpServletResponse response) {
        // 图片不需要缓存的响应头
        response.setHeader("Pragma", "No-cache");
        // 图片不需要缓存的响应头
        response.setHeader("Cache-Control", "no-cache");
        // 图片不需要缓存的响应头
        response.setDateHeader("Expires", 0);
        // 设置响应 MIME 类型为 JPEG 图片
        response.setContentType("image/jpeg");
        // 创建验证码服务对象
        SaveCodeService codeService = new SaveCodeService(
            "abcdefghijklmnopqrstuvwxyz123456789".toUpperCase()
                .toCharArray(), 100, 25, 6);
        // 创建验证码图片
```

```
        codeService. createSaveCodeImage( );
        // 获取验证码图片
        BufferedImage img = codeService. getImage( );
        // 获取验证码字符串
        String codeString = codeService. getCodeString( );
        // 获取会话对象
        HttpSession session = request. getSession( );
        // 将验证码字符串存入会话
        session. setAttribute( CODE_SESSION_ATTR_NAME, codeString);
        try {
            // 将缓存图片编码为物理图片数据并从响应输出流中输出到客户端
            ImageIO. write( img, "JPEG", response. getOutputStream( ) );
            // 捕获异常
        } catch ( Exception e) {

            // TODO：handle exception
        }
    }
    @RequestMapping( "/checkcode" )
    public void checkSaveCode( HttpServletRequest request,
        HttpServletResponse response, String code) {
        // 获取会话对象
        HttpSession session = request. getSession( );
        // 获取会话中保存的验证码
        String sessionCode = session. getAttribute( CODE_SESSION_ATTR_NAME). toString( );
        // System. out. println( inputCode + "          " + sessionCode);
        // 设置返回 MIME 类型
        response. setContentType( "text/html" );
        // 获取针对客户端的文本输出流

        try {
            PrintWriter out = response. getWriter( );
            // 如果在忽略大小写的情况下用户输入的验证码与会话信息中保存的
验证码能够匹配
```

```
                    if（sessionCode. equalsIgnoreCase（code）） {
                        // 输出验证码正确的标识
                        out. print（"OK"）;
                        // 如果不能匹配
                    } else {
                        // 输出验证码错误的标识
                        out. print（"FAIL"）;
                    }
                    // 刷新输出流
                    out. flush（）;
                    // 关闭输出流
                    out. close（）;
                } catch（Exception ex） {
                    ex. printStackTrace（）;
                }
            }
```

3）在 com. chinasofti. ordersys. service. login 包中新建 LoginService 类，用于判定用户是否登录成功。

LoginService 类属性见表 1-7。

表 1-7　LoginService 类属性

属　性　名	说　　明
WRONG_USERNAME	用户名错误的标识
WRONG_PASSWORD	密码错误的标识
USER_ALREADY_ONLINE	用户已经在线不能重复登录的标识
WRONG_LOCKED	用户被锁定标识
WRONG_OTHER	其他错误的标识
LOGIN_OK	登录成功标识
loginUser	登录成功的用户信息

LoginService 类方法见表 1-8。

表 1-8　LoginService 类方法

方　法　名	说　　明
login（UserInfo info）	根据用户对象的账号密码判定用户是否登录成功

核心代码如下：

```
public int login(UserInfo info) {
        // 获取当前在线的用户信息，用于判定用户是否在线
        Hashtable<String, UserInfo> loginUserMap = OrderSysListener. sessions;
        // 获取所有已经登录在线用户对应的 sessionId
        Set<String> loginIds = loginUserMap. keySet();
        // 获取 sessionId 迭代器
        Iterator<String> it = loginIds. iterator();
        // 迭代 sessionId
        while (it. hasNext()) {
            // 获取特定的在线用户信息
            UserInfo user = loginUserMap. get(it. next());
            // 如果某个在线用户的用户名和正在登录的用户名相同，说明试图登
录的用户已经在线
            if (user. getUserAccount(). equals(info. getUserAccount())) {
                // 返回错误标识
                return USER_ALREADY_ONLINE;
            }
        }
        // 获取带有连接池的数据库模板操作工具对象
        List<UserInfo> userList = mapper. findUsersByName(info. getUserAccount());
        // 判定是否查询到数据
        switch (userList. size()) {
        // 如果没有查询到数据，说明用户名不存在
        case 0:
            // 返回用户名错误的标识
            return WRONG_USERNAME;
            // 如果查询到数据
        case 1:
            // 获取数据库中的用户信息
            UserInfo dbUser = userList. get(0);
            // System. out. println(info. getLocked());
```

```
            // 如果用户已经被锁定
            if (dbUser.getLocked() = = 1) {
                // 保存登录用户信息
                loginUser = dbUser;
                // 返回用户已经被锁定的标识
                return WRONG_LOCKED;
            }
            // 如果用户密码匹配
            if (info.getUserPass().equals(dbUser.getUserPass())) {
                // 保存登录用户信息
                loginUser = dbUser;
                // 返回登录成功标识
                return LOGIN_OK;
                // 如果密码不匹配
            } else {
                // 返回密码错误标识
                return WRONG_PASSWORD;
            }
            // 其他情况
        default:
            // 返回其他错误标识
            return WRONG_OTHER;
        }
    }
```

上述代码中使用了 com.chinasofti.ordersys.listeners.OrderSysListener 类，该类为点餐系统监听器，主要监听会话的创建、销毁以及登录信息会话变量的设置，用于实现在线用户数及在线后厨人员、在线服务员列表功能。会话跟踪技术实现代码请参考本书配套的源代码。

4）在 com.chinasofti.ordersys.mapper 包中新建 UserInfoMapper 类，用于处理用户信息的各种操作。

UserInfoMapper 类方法见表 1-9。

表 1-9   UserInfoMapper 类方法

方 法 名	说 明
getAllUser( )	获取所有用户信息
addUser(UserInfo user)	新增用户信息
getUserByPage(int first, int max)	获取用户信息分页集合
getMaxPage( )	获取用户信息总页数
deleteUser(Integer userId)	删除用户信息
modify(UserInfo info)	修改用户信息
adminModify(UserInfo info)	修改用户角色
getUserById(Integer userId)	获取用户信息
checkPass(UserInfo info)	检验用户密码
findUsersByName(String userAccount)	根据用户账号查找用户信息

核心代码如下:

```
package com. chinasofti. ordersys. mapper;
@Mapper
public interface UserInfoMapper {
    @Select("select userId, userAccount, userPass, locked, roleId, roleName, faceimg from
userinfo, roleinfo where userinfo. role=roleinfo. roleId order by userId")
    public List<UserInfo> getAllUser( );


    @Insert ( " insert into userinfo ( userAccount, userPass, role, faceImg )  values ( #
{info. userAccount} ,#{info. userPass} ,#{info. roleId} ,#{info. faceimg} )")
    @Options( useGeneratedKeys = true, keyProperty = "info. userId")
    public Integer addUser( @Param("info") UserInfo user);


    @Select("select userId, userAccount, userPass, locked, roleId, roleName, faceimg from use-
rinfo, roleinfo where userinfo. role=roleinfo. roleId order by userId limit #{first} ,#{max}")
    public List<UserInfo> getUserByPage( @Param("first") int first,
        @Param("max") int max);


    @Select("select count( * ) from userinfo")
    public Long getMaxPage( );


    @Delete("delete from userinfo where userId=#{userId}")
```

```
        public void deleteUser(@Param("userId") Integer userId);

        @Update("update userinfo set userPass=#{info.userPass},faceimg=#{info.faceimg}
    where userId=#{info.userId}")
        public void modify(@Param("info") UserInfo info);

        @Update("update userinfo set userPass=#{info.userPass},faceimg=#
    {info.faceimg},role=#{info.roleId} where userId=#{info.userId}")
        public void adminModify(@Param("info") UserInfo info);

        @Select("select userId,userAccount,userPass,locked,roleId,roleName,faceimg from
    userinfo,roleinfo where userinfo.role=roleinfo.roleId and userId=#{userId}")
        public UserInfo getUserById(@Param("userId") Integer userId);

        @Select("select userId,userAccount,userPass,locked,roleId,roleName from userinfo,
    roleinfo where userinfo.role=roleinfo.roleId and userinfo.userId=#{info.userId}")
        public List<UserInfo> checkPass(@Param("info") UserInfo info);

        @Select("select userId,userAccount,userPass,locked,roleId,roleName,faceimg from use-
    rinfo,roleinfo where userinfo.role=roleinfo.roleId and userinfo.userAccount=#{userAccount}")
        public List<UserInfo> findUsersByName(@Param("userAccount")String userAccount);
    }
```

5）启动服务器，访问 http://localhost:8080/OrderSysSSM，验证登录与退出功能，账号、密码见表 1-10。

表 1-10 账号、密码

系 统 角 色	用 户 名	密　　码
餐厅管理员	aa	1
后厨人员	bb	1
餐厅服务员	cc	1

pages/admin/main.jsp 主页面的退出代码如下：

```
<li><a href="logout.order">退出登录</a></li>
```

知识小结 【对应证书技能】

Spring MVC 框架处理请求的流转图如图 1-19 所示。

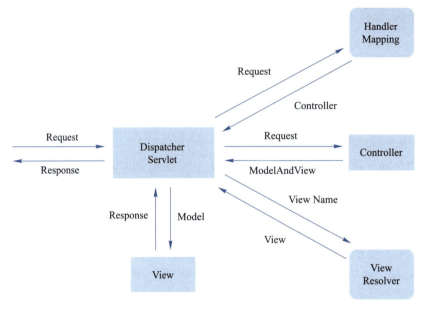

图 1-19   Spring MVC 请求流转图

1）DispatcherServlet：前置控制器。

2）HandlerMapping：处理 requestMapping 请求的映射句柄。

3）ModelAndView：模型和视图，使用数据渲染视图。

4）ViewResolver：视图解析器。

本任务知识技能点与等级证书技能的对应关系见表 1-11。

表 1-11   任务 1.3 知识技能点与等级证书技能对应

任务 1.3 知识技能点		对应证书技能			
知识点	技能点	工作领域	工作任务	职业技能要求	等级
1. Web 应用前端开发	1. JavaScript 事件 2. AJAX 发送请求 3. JSON 数据格式	2. 应用开发	2.2 Web 应用服务端开发	2.1.2 熟悉 JSON 数据格式，能够在 JavaScript 中使用 JSON 数据格式，能够解析 JSON 数据中包含的对象、集合 2.1.3 熟练掌握 JavaScript 事件、DOM 操作、AJAX 技术 2.2.1 掌握监听器、过滤器各大组件的作用、开发和配置 2.2.4 掌握 MVC 基本概念和开发模式	中级

续表

任务 1.3 知识技能点		对应证书技能			
知识点	技能点	工作领域	工作任务	职业技能要求	等级
2. 开源框架的开发	1. 掌握 MyBatis 框架核心技术 2. 掌握 Spring 框架核心技术 3. 掌握 Spring MVC 框架核心	2. 应用开发	2.3 企业框架应用开发	2.3.1 了解掌握 MyBatis 的功能特点和适用场景 2.3.2 熟悉并掌握 MyBatis 核心技术开发，包括 SqlSession 对象获得、数据映射、查询与更新、数据关联、动态 SQL 和基于注解的映射处理 2.3.3 掌握 MyBatis 插件扩展和翻页插件开发 2.3.4 了解 Spring 起源、原理、架构和 SpringFramework 各模块功能 2.3.5 了解 Spring IoC 基本原理，掌握容器的创建与使用、bean 管理、依赖注入、注解配置 2.3.8 了解 Spring MVC 框架原理，熟练掌握 Spring MVC 框架的请求映射、参数传递、全局异常处理、拦截器的实现	中级

拓展练习

下面实现用户管理模块。

1）在 com. chinasofti. ordersys. controller. admin 包中新建 UserAdminController 类，用于实现用户管理模块控制层。

UserAdminController 类属性见表 1-12。

UserAdminController 类方法见表 1-13。

2）在 com. chinasofti. ordersys. service. admin 包中新建 UserService，用于管理用户服务。

UserService 类方法见表 1-14。

表 1-12   **UserAdminController** 类属性

属 性 名	说 明
UserService service	用户模块业服务类
CheckUserPassService service	校验用户密码服务类

表 1-13   **UserAdminController** 类方法

方 法 名	说 明
adminModify（HttpServletRequest request，HttpServletResponse response）	修改员工角色
deleteUser（Integer userId）	删除员工用户信息
getOnlineKitchen（HttpServletRequest request，HttpServletResponse response）	获取在线的后厨人员员工列表
getOnlineWaiters（HttpServletRequest request，HttpServletResponse response）	获取在线的服务员员工列表
getUserByPage（HttpServletRequest request，HttpServletResponse response）	获取员工用户分页数据
modifyMyInfo（HttpServletRequestrequest，HttpServletResponse response）	修改员工个人信息
addUser（HttpServletRequest request，HttpServletResponse response）	添加员工用户信息
checkAddUser（HttpServletRequest request，HttpServletResponse response）	校验添加员工是否存在于数据库
checkUserPass（HttpServletRequest request，HttpServletResponse response）	校验员工用户密码是否正确
toModifyUser（HttpServletRequest request，HttpServletResponse response，Integer userId）	修改员工用户信息

表 1-14   **UserService** 类方法

方 法 名	说 明
getByPage（int page，int pageSize）	分页获取用户数据的方法
getMaxPage（int pageSize）	获取用户信息的最大页数
addUser（UserInfo info）	添加用户的方法
deleteUser（Integer userId）	删除用户的方法
modify（UserInfo info）	修改用户自身信息的方法
adminModify（UserInfo info）	管理员修改用户信息的方法
getUserById（Integer userId）	根据 ID 获取用户详细信息的方法
findUserByName （String userAccount）	根据用户名获取用户详细信息的方法

3）在 com. chinasofti. ordersys. service. login 包中新建 CheckUserPassService 类，实现判定用户密码是否正确的服务对象。

CheckUserPassService 类方法见表 1-15。

表 1-15   **CheckUserPassService** 类方法

方 法 名	说 明
checkPass（UserInfo info）	验证用户名及密码是否正确的方法

4）完成员工用户列表功能，在 src/main/webapp/pages/admin 文件夹中新建 userad-min.jsp 员工管理页面，完整代码请参考项目阶段代码。登录管理员账户 aa，选择左侧菜单"员工管理"项，结果如图 1-20 所示。

图 1-20　员工管理页面

5）完成添加员工用户功能，在 src/main/webapp/pages/admin 文件夹中新建 adduser.jsp 增加用户页面，完整代码请参考项目阶段代码。登录管理员账户 aa，选择左侧菜单"员工管理"项，再单击"添加员工"按钮，结果如图 1-21 所示。

图 1-21　添加员工页面

6）完成修改用户功能，在 src/main/webapp/pages/admin 文件夹中新建 modifyuser. jsp 修改用户页面，完整代码请参考项目阶段代码。登录管理员账户 aa，选择左侧菜单"员工管理"，再单击"修改员工"按钮，结果如图 1-22 所示。

图 1-22   修改员工页面

任务 1.4   实现菜品管理与点餐模块

微课 1-4
实现菜品管理
与点餐模块

任务描述

本任务将实现菜品管理模块，分别完成菜品列表、菜品详情、添加菜品、修改菜品、删除菜品等功能，同时编写一个自定义 jsp 标签，用于防止表单重复提交。

点餐模块功能流程为：服务员主页显示所有菜品，点餐前先设置点餐桌号，将菜品加入点餐车中，确认订单后推送到后厨的订单列表中显示，当后厨完成配菜后单击开始烹饪，完成点餐流程。

知识准备

1. Spring IoC

Spring IoC 容器启动初期，会把所有配置过的 Bean 都各自生成一个 BeanDefinition，存储到 BeanDefinitionRegistry 的 BeanDefinitionMap 中。用户通过 BeanFactory 接口的实现类（如 ClassPathXmlApplicationContext）getBean 时，会从 BeanDefinitionMap 中获取到这个 Bean 的 BeanDefinition，然后通过反射生成一个 Bean。默认单例的话，还会把这个实例化的 Bean 存储在 singletonObjects 中，下次再 getBean 时就直接从 singletonObjects 中返回。

采用 XML 方式配置 Bean 时，Bean 的定义信息是和实现分离的，而采用注解的方式可以把两者合为一体，Bean 的定义信息直接以注解的形式定义在实现类中，从而达到了零配置的目的。

Bean 的配置信息是 Bean 的元数据信息，由以下 4 个方面组成：

1）Bean 的实现类。

2）Bean 的属性信息。

3）Bean 的依赖关系。

4）Bean 的行为配置。

2. Spring AOP

Spring 中 AOP 代理由 Spring 的 IoC 容器负责生成及管理，其依赖关系也由 IoC 容器负责管理。因此，AOP 代理可以直接使用容器中的其他 Bean 实例作为目标，这种关系可由 IoC 容器的依赖注入提供。Spring 默认使用 Java 动态代理来创建 AOP 代理，这样就可以为任何接口实例创建代理了。当需要代理的类不是代理接口时，Spring 自动切换为使用 CGLIB 代理，也可强制使用 CGLIB。

AOP 编程其实是很简单的事情，程序员只需要参与以下 3 个部分：

1）定义普通业务组件。

2）定义切入点，一个切入点可能横切多个业务组件。

3）定义增强处理，即在 AOP 框架中为普通业务组件植入的处理动作。

因此，进行 AOP 编程的关键就是定义切入点和定义增强处理。一旦定义了合适的切入点和增强处理，AOP 框架将自动生成 AOP 代理，即代理对象的方法＝增强处理＋被代理对象的方法。

任务实施

步骤 1：完成菜品管理页及列表显示。

1）在 src/main/webapp/pages/admin 文件夹中新建 dishesadmin.jsp 菜品管理页面，用于管理及显示菜品信息，详细代码请参考本书配套的案例代码。重新部署项目并登录，结果如图1-23所示。

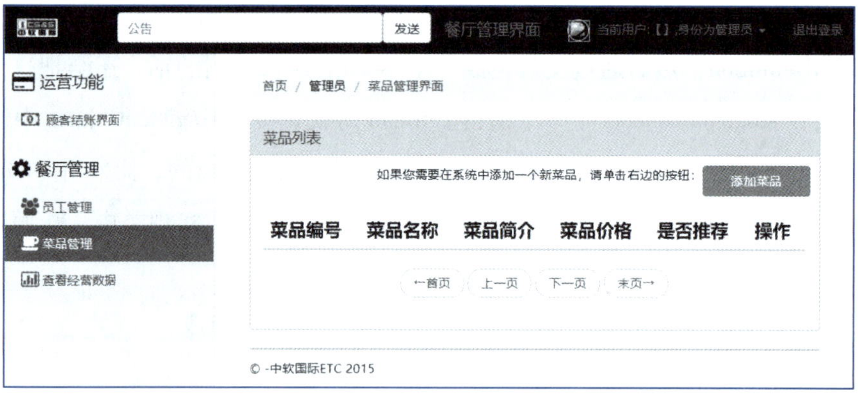

图1-23 菜品管理页面

2）在com. chinasofti. ordersys. controller. admin 包中新建 DishesAdminController 类，用于处理菜品管理模块功能。DishesAdminController 类方法见表1-16。

表1-16 DishesAdminController 类方法

方 法 名	说 明
addDishes(HttpServletRequest request,HttpServletResponse response)	添加菜品信息
deleteDishes(Integer dishesId)	删除菜品信息
getDishesInfoByPage(HttpServletRequest request,HttpServletResponse response)	获取菜品分页数据
getTop4RecommendDishes（HttpServletRequest reuqest, HttpServletResponse response）	获取头4条推荐菜品的信息
modifyDishes(HttpServletRequest request,HttpServletResponse response)	修改菜品信息
toModifyDishes(HttpServletRequest request,HttpServletResponse response, Integer dishesId)	跳转修改菜品信息页面

代码如下：

```
@Controller
public class DishesAdminController {
    @Autowired
    DishesService service;
    public DishesService getService() {
        return service;
    }
}
```

```java
public void setService(DishesService service) {
    this. service = service;
}
@RequestMapping("/adddishes")
public String addDishes(HttpServletRequest request,
    HttpServletResponse response) {
    // 判定是否存在表单提交令牌
        // 创建表单请求解析器工具
        MultipartRequestParser parser = new MultipartRequestParser();
        // 解析获取 DishesInfo 菜品信息对象
        DishesInfo info = (DishesInfo) parser. parse(request,
            DishesInfo. class);
        // 执行添加菜品操作
        service. addDishes(info);
        // 释放表单提交令牌
    //TokenTag. releaseToken();
    // 跳转到菜品管理页面
    // response. sendRedirect("/OrderSys/todishesadmin. order");
    return "redirect:todishesadmin. order";
}
@RequestMapping("/deletedishes")
public void deleteDishes(Integer dishesId) {
    service. deleteDishesById(dishesId);
}
@RequestMapping("/getdishesbypage")
public void getDishesInfoByPage(HttpServletRequest request,
        HttpServletResponse response) {
    // 设置返回的 MIME 类型为 XML
    response. setContentType("text/xml");
    // 获取希望显示的页码
    int page = Integer. parseInt(request. getParameter("page"));
    // 获取最大页码
    int maxPage = service. getMaxPage(8);
```

```
// 对当前的页码进行纠错,如果小于 1,则直接显示第一页的内容
page = page < 1 ? 1 : page;
// 对当前的页码进行纠错,如果大于最大页码,则直接显示最后一页的内容
page = page > maxPage ? maxPage : page;
// 进行分页数据查询
List<DishesInfo> list = service.getDishesInfoByPage(page, 8);
// 尝试将结果结构化为 XML 文档
try {
    // 创建 XML DOM 树
    Document doc = DocumentBuilderFactory.newInstance()
        .newDocumentBuilder().newDocument();
    // 创建 XML 根节点
    Element root = doc.createElement("disheses");
    // 将根节点加入 DOM 树
    doc.appendChild(root);
    // 循环遍历结果集合中的菜品信息
    for (DishesInfo info : list) {
        // 每个菜品构建一个 dishes 标签节点
        Element dishes = doc.createElement("dishes");
        // 创建菜品 ID 标签
        Element dishesId = doc.createElement("dishesId");
        // 设置菜品 ID 标签的文本内容
        dishesId.setTextContent(info.getDishesId() + "");
        // 将菜品 ID 标签设置为菜品标签的子标签
        dishes.appendChild(dishesId);
        // 创建菜品名标签
        Element dishesName = doc.createElement("dishesName");
        // 设置菜品名标签的文本内容
        dishesName.setTextContent(info.getDishesName());
        // 将菜品名标签设置为菜品标签的子标签
        dishes.appendChild(dishesName);
        // 创建菜品描述标签
        Element dishesDiscript = doc.createElement("dishesDiscript");
```

```
        // 设置菜品描述标签文本内容
dishesDiscript. setTextContent( info. getDishesDiscript( ) ) ;
        // 将菜品描述标签设置为菜品标签的子标签
        dishes. appendChild( dishesDiscript) ;
        // 创建菜品图片标签
        Element dishesImg = doc. createElement( "dishesImg" ) ;
        // 设置菜品图片标签的文本内容
        dishesImg. setTextContent( info. getDishesImg( ) ) ;
        // 将菜品图片标签设置为菜品标签的子标签
        dishes. appendChild( dishesImg) ;
        // 创建菜品详细文本标签
        Element dishesTxt = doc. createElement( "dishesTxt" ) ;
        // 获取菜品详细文字描述
        String txt = info. getDishesTxt( ) ;
        // 将空格替换为特殊分隔符
        txt = txt. replaceAll( " " , "ordersysspace" ) ;
        // 将 \r 替换为空字符串
        txt = txt. replaceAll( "\r" , "" ) ;
        // 将换行替换为特殊分隔符
        txt = txt. replaceAll( "\n" , "ordersysbreak" ) ;
        // 将双引号替换为转移字符
        txt = txt. replaceAll( "\"" , "\\\\\"" ) ;
        // 将单引号替换为转移字符
        txt = txt. replaceAll( "\'" , "\\\\\'" ) ;
        // 设置菜品详细文本标签的文本内容
        dishesTxt. setTextContent( txt) ;
        // 将菜品详细文本标签设置为菜品标签的子标签
        dishes. appendChild( dishesTxt) ;
        // 创建是否推荐子标签
        Element recommend = doc. createElement( "recommend" ) ;
        // 设置是否推荐菜品标签文本内容
        recommend. setTextContent( info. getRecommend( ) + "" ) ;
        // 将是否推荐菜品标签设置为菜品标签的子标签
```

```
            dishes. appendChild(recommend);
            // 创建菜品价格标签
            Element dishesPrice = doc. createElement("dishesPrice");
            // 设置菜品价格标签文本内容
            dishesPrice. setTextContent(info. getDishesPrice() + "");
            // 将菜品价格标签设置为菜品标签的子标签
            dishes. appendChild(dishesPrice);
            // 将菜品标签设置为根标签的子标签
            root. appendChild(dishes);
        }
        // 创建当前页码的标签
        Element pageNow = doc. createElement("page");
        // 设置当前页码标签的文本内容
        pageNow. setTextContent(page + "");
        // 将当前页码标签设置为根标签的子标签
        root. appendChild(pageNow);
        // 创建最大页码的标签
        Element maxPageElement = doc. createElement("maxPage");
        // 设置最大页码标签的文本内容
        maxPageElement. setTextContent(maxPage + "");
        // 将最大页码标签设置为根标签的子标签
        root. appendChild(maxPageElement);
        // 将完整的 DOM 树转换为 XML 文档结构字符串输出到客户端
        TransformerFactory
                . newInstance()
                . newTransformer()
                . transform(new DOMSource(doc),
                    new StreamResult(response. getOutputStream()));
        // 捕获查询、转换过程中的异常信息
    } catch (Exception ex) {
        // 输出异常信息
        ex. printStackTrace();
    }
```

```
        }
    @RequestMapping("/toprecommend")
    public void getTop4RecommendDishes(HttpServletRequest reuqest,
            HttpServletResponse response) {
        // 设置返回的 MIME 类型为 XML
        response.setContentType("text/xml");
        // 获取头 4 条推荐菜品信息列表
        List<DishesInfo> list = service.getTop4RecommendDishes();
        // 尝试将结果结构化为 XML 文档
        try {
            // 创建 XML DOM 树
            Document doc = DocumentBuilderFactory.newInstance()
                    .newDocumentBuilder().newDocument();
            // 创建 XML 根节点
            Element root = doc.createElement("disheses");
            // 将根节点加入 DOM 树
            doc.appendChild(root);
            // 循环遍历结果集合中的菜品信息
            for (DishesInfo info : list) {
                // 每个菜品构建一个 dishes 标签节点
                Element dishes = doc.createElement("dishes");
                // 创建菜品 ID 标签
                Element dishesId = doc.createElement("dishesId");
                // 设置菜品 ID 标签的文本内容
                dishesId.setTextContent(info.getDishesId() + "");
                // 将菜品 ID 标签设置为菜品标签的子标签
                dishes.appendChild(dishesId);
                // 创建菜品名标签
                Element dishesName = doc.createElement("dishesName");
                // 设置菜品名标签的文本内容
                dishesName.setTextContent(info.getDishesName());
                // 将菜品名标签设置为菜品标签的子标签
                dishes.appendChild(dishesName);
```

```
                // 创建菜品描述标签
                Element dishesDiscript = doc. createElement("dishesDiscript");
                // 设置菜品描述标签文本内容
        dishesDiscript. setTextContent(info. getDishesDiscript());
                // 将菜品描述标签设置为菜品标签的子标签
                dishes. appendChild(dishesDiscript);
                // 创建菜品图片标签
                Element dishesImg = doc. createElement("dishesImg");
                // 设置菜品图片标签的文本内容
                dishesImg. setTextContent(info. getDishesImg());
                // 将菜品图片标签设置为菜品标签的子标签
                dishes. appendChild(dishesImg);
                // 将菜品标签设置为根标签的子标签
                root. appendChild(dishes);
            }
            // 将完整的 DOM 树转换为 XML 文档结构字符串输出到客户端
            TransformerFactory
                    . newInstance()
                    . newTransformer()
                    . transform(new DOMSource(doc),
                        new StreamResult(response. getOutputStream()));
            // 捕获查询、转换过程中的异常信息
        } catch (Exception ex) {
            // 输出异常信息
            ex. printStackTrace();
        }
    }
    @RequestMapping("/modifydishes")
    public String modifyDishes(HttpServletRequest request,
            HttpServletResponse response) {
            // 判定是否存在表单提交令牌
            // 创建表单请求解析器工具
            MultipartRequestParser parser = new MultipartRequestParser();
```

```
// 解析获取 DishesInfo 菜品信息对象
DishesInfo info = (DishesInfo) parser. parse(request,
    DishesInfo. class);
// 执行菜品信息修改工作
service. modifyDishes(info);
// 释放表单提交令牌
//TokenTag. releaseToken();
// 跳转到菜品管理页面
return "redirect:todishesadmin. order";
}
@RequestMapping("/tomodifydishes")
public String toModifyDishes(HttpServletRequest request,
    HttpServletResponse response, Integer dishesId) {
// 获取要修改的菜品 ID 并查询对应的菜品信息
DishesInfo info = service. getDishesById(dishesId);
// 将菜品信息加入 request 作用域
request. setAttribute("DISHES_INFO", info);
return "/pages/admin/modifydishes. jsp";
}
}
```

3) 在 com. chinasofti. ordersys. service. admin 包中新建 DishesService 类,用于管理菜品服务对象。

DishesService 类方法见表 1-17。

表 1-17　DishesService 类方法

方　法　名	说　　明
getDishesInfoByPage(int page, int pageSize)	获取菜品分页数据
getMaxPage(int pageSize)	获取菜品信息的最大页数
deleteDishesById(Integer dishesId)	根据菜品 ID 值删除菜品信息
addDishes(DishesInfo info)	添加菜品
getDishesById(Integer dishesId)	根据 dishesId 获取菜品详细信息
modifyDishes(DishesInfo info)	修改菜品信息
getTop4RecommendDishes()	获取头 4 条推荐菜品的信息

代码如下：

```java
@Service
public class DishesService {
    @Autowired
    DishesInfoMapper mapper;
    public DishesInfoMapper getMapper() {
        return mapper;
    }
    public void setMapper(DishesInfoMapper mapper) {
        this.mapper = mapper;
    }
    public List<DishesInfo> getDishesInfoByPage(int page, int pageSize) {
        // 获取带有连接池的数据库模板操作工具对象
        int first = (page - 1) * pageSize;
        // 返回结果
        return mapper.getDishesInfoByPage(first, pageSize);
    }
    public int getMaxPage(int pageSize) {
        Long rows = mapper.getMaxPage();
        // 返回最大页数
        return (int) ((rows.longValue() - 1) / pageSize + 1);
    }
    public void deleteDishesById(Integer dishesId) {
        // 获取带有连接池的数据库模板操作工具对象
        mapper.deleteDishesById(dishesId);
    }
    public void addDishes(DishesInfo info) {
        mapper.addDishes(info);
    }
    public DishesInfo getDishesById(Integer dishesId) {
        return mapper.getDishesById(dishesId);
    }
    public void modifyDishes(DishesInfo info) {
```

```
        mapper. modifyDishes( info) ;
    }
    public List<DishesInfo> getTop4RecommendDishes( ) {
        return mapper. getTop4RecommendDishes( ) ;
    }
}
```

4）在 com. chinasofti. ordersys. mapper 包中新建 DishesInfoMapper 类，用于处理菜品信息的数据库操作。代码如下：

```
@Mapper
public interface DishesInfoMapper {
    @Select("select * from dishesinfo order by recommend desc,dishesId limit #{first},
#{max}")
    public List<DishesInfo> getDishesInfoByPage(@Param("first") int first,
        @Param("max") int max);
    @Select("select count( * ) from dishesinfo")
    public Long getMaxPage( );
    @Delete("delete from dishesinfo where dishesId =#{dishesId}")
    public void deleteDishesById(@Param("dishesId") Integer dishesId);
    @Insert("insert into dishesinfo( dishesName,dishesDiscript,dishesTxt,dishesImg,rec-
ommend,dishesPrice)
values ( #{ info. dishesName}, #{ info. dishesDiscript}, #{ info. dishesTxt}, #
{info. dishesImg},#{info. recommend},#{info. dishesPrice})")
    public void addDishes(@Param("info") DishesInfo info);
    @Select("select * from dishesinfo where dishesId =#{dishesId}")
    public DishesInfo getDishesById(@Param("dishesId") Integer dishesId);
    @Update("update dishesinfo set dishesName =#{ info. dishesName},dishesDiscript =#
{ info. dishesDiscript},dishesTxt =#{ info. dishesTxt},dishesImg =#{ info. dishesImg},rec-
ommend = #{ info. recommend}, dishesPrice = #{ info. dishesPrice} where dishesId = #
{info. dishesId}")
    public void modifyDishes(@Param("info") DishesInfo info);
    @Select("select * from dishesinfo where recommend =1 order by dishesId")
    public List<DishesInfo> getTop4RecommendDishes( );
}
```

5）重新部署项目并登录，查看菜品管理页及列表显示，结果如图 1-24 所示。

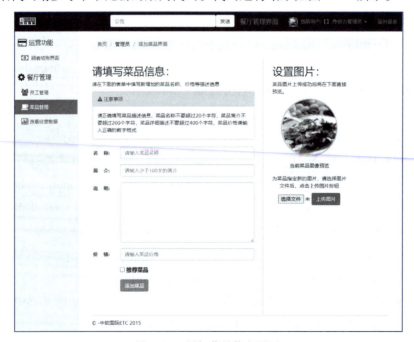

图 1-24　菜品管理页及列表显示

步骤 2：完成菜品添加、修改及删除功能。

1）在 src/main/webapp/pages/admin 文件夹中新建 adddishes. jsp 页面，用于添加菜品信息，详细代码请参考本书配套的案例代码。代码运行结果如图 1-25 所示。

图 1-25　添加菜品信息页面

2）在 src/main/webapp/pages/admin 文件夹中新建 modifydishes. jsp 页面，用于修改菜品信息，详细代码请参考本书配套的案例代码。代码运行结果如图 1-26 所示。

图 1-26　修改菜品信息页面

3）在 src/main/webapp/pages/admin/dishesadmin. jsp 文件中填加如下删除功能代码。

```
newLine += "class='icon-remove-sign icon-large' title='删除该菜品'
onclick='deleteDishes(" + dishesId + " , \"" + dishesName + " \" ,this)'></i>";
```

步骤 3：完成点餐功能。

1）在 src/main/webapp/pages/waiters 文件夹中新建 takeorder. jsp 服务员点餐页面，详细代码请参考本书配套的案例代码。使用服务员账号 cc 登录后运行如图 1-27 所示。

2）在 com. chinasofti. ordersys. controller. waiters 包中新建 TableController 类，用于服务员角色设置点餐台号功能。

TableController 类方法见表 1-18。

表 1-18　TableController 类方法

方　法　名	说　　明
setTableId(HttpServletRequest request, Integer tableId)	设置点餐台号

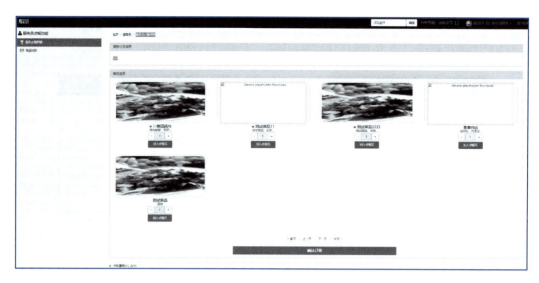

图 1-27   服务员点餐页面

代码如下:

```
@Controller
public class TableController {
    @RequestMapping("/settableid")
    public void setTableId(HttpServletRequest request,Integer tableId) {
        // 获取会话对象
        HttpSession session = request.getSession();
        // 将桌号存放到会话中
        session.setAttribute("TABLE_ID", tableId);
    }
}
```

3) 在 com.chinasofti.ordersys.controller.waiters 包中新建 CartController 类，用于实现点餐车功能。

CartController 类方法见表 1-19。

表 1-19   CartController 类方法

方 法 名	说　明
addCart(HttpServletRequest request,HttpServletResponse response,int num, int dishes)	添加菜品到点餐车
commitCart(HttpServletRequest request,HttpServletResponse response)	提交点餐车

代码如下：

```java
@Controller
public class CartController {
    @Autowired
    OrderService oservice;
    @Autowired
    DishesService service;
    public OrderService getOservice() {
        return oservice;
    }
    public void setOservice(OrderService oservice) {
        this.oservice = oservice;
    }
    public DishesService getService() {
        return service;
    }
    public void setService(DishesService service) {
        this.service = service;
    }
    @RequestMapping("/addcart")
    public void addCart(HttpServletRequest request,
            HttpServletResponse response, int num, int dishes) {
        // 获取会话对象
        HttpSession session = request.getSession();
        // 创建点餐车对象
        Cart cart = new Cart();
        // 如果会话中存在点餐车
        if (session.getAttribute("CART") != null) {
            // 直接获取会话中的点餐车对象
            cart = (Cart) session.getAttribute("CART");
        }
        // 定义桌号变量
        Integer tableId = 1;
```

```java
        // 如果会话中存在桌号信息
        if (session. getAttribute("TABLE_ID") != null) {
            // 直接获取桌号信息
            tableId = (Integer) session. getAttribute("TABLE_ID");
        }
        // 设置点餐车的桌号信息
        cart. setTableId(tableId. intValue());
        // 获取本次加入点餐车的菜品数量
        cart. getUnits(). add(cart. createUnit(dishes, num));
        // 将点餐车对象设置到会话中
        session. setAttribute("CART", cart);
    }
    @RequestMapping("/commitcart")
    public void commitCart(HttpServletRequest request,
            HttpServletResponse response) {
        // 设置响应编码
        response. setCharacterEncoding("utf-8");
        // 设置返回的 MIME 类型为 xml
        response. setContentType("text/xml");
        // 创建菜品管理服务对象
        // 获取会话对象
        HttpSession session = request. getSession();
        // 创建点餐车对象
        Cart cart = new Cart();
        // 定义桌号变量
        Integer tableId = new Integer(1);
        // 如果 Session 中保存了桌号信息
        if (session. getAttribute("TABLE_ID") != null) {
            // 直接获取桌号信息
            tableId = (Integer) session. getAttribute("TABLE_ID");
        }
        // 如果会话中存在点餐车信息
        if (session. getAttribute("CART") != null) {
            // 直接获取会话中的点餐车对象
```

```
        cart = (Cart) session.getAttribute("CART");
}
// 定义点餐服务员 ID 变量
int waiterId = 1;
// 如果 Session 中存在登录信息
if (session.getAttribute("USER_INFO") != null) {
    // 获取本用户的 ID
    waiterId = ((UserInfo) session.getAttribute("USER_INFO"))
        .getUserId();
}
// 创建订单管理服务对象
// 将本订单存入数据库并获取本次添加订单的主键
Object key = oservice.addOrder(waiterId, tableId);
// System.out.println(key);
// 尝试将结果结构化为 XML 文档
try {
    // 创建 XML DOM 树
    Document doc = DocumentBuilderFactory.newInstance()
        .newDocumentBuilder().newDocument();
    // 创建 XML 根节点
    Element root = doc.createElement("disheses");
    // 将根节点加入 DOM 树
    doc.appendChild(root);
    // 循环遍历结果集合中的订单菜品详情
    for (Cart.CartUnit unit : cart.getUnits()) {
        // 将订单菜品详情映射信息存入数据库
        oservice.addOrderDishesMap(unit, ((Long) key).intValue());
        // 每个菜品构建一个 dishes 标签节点
        Element dishes = doc.createElement("dishes");
        // 创建桌号标签
        Element tid = doc.createElement("tableId");
        // 设置桌号标签文本内容
        tid.setTextContent(tableId.intValue() + "");
        // 将桌号标签设置为菜品标签的子标签
```

```
                    dishes. appendChild( tid) ;
                    // 创建菜品名标签
                    Element dishesName = doc. createElement( "dishesName") ;
                    // 获取菜品名称
                     String dname = service. getDishesById( new Integer( unit. getDishesId
( ) ) ). getDishesName( ) ;
                    // 设置菜品名标签文本内容
                    dishesName. setTextContent( dname) ;
                    // 将菜品名称标签设置为菜品标签的子标签
                    dishes. appendChild( dishesName) ;
                    // 创建菜品数量标签
                    Element num = doc. createElement( "num") ;
                    // 设置数量标签文本内容
                    num. setTextContent( unit. getNum( ) + "") ;
                    // 将数量标签设置为菜品标签的子标签
                    dishes. appendChild( num) ;
                    // 将菜品标签设置为根标签的子标签
                    root. appendChild( dishes) ;
                }
                // 创建字符输出流
                StringWriter writer = new StringWriter( ) ;
                // 创建格式化输出流
                PrintWriter pwriter = new PrintWriter( writer) ;
                // 将完整的 DOM 树转换为 XML 文档,结构字符串输出到字符输出流中
                TransformerFactory. newInstance( ). newTransformer( )
                    . transform( new DOMSource( doc) , new StreamResult( pwriter) ) ;
                // 获取 XML 字符串
                String msg = writer. toString( ) ;
                // 关闭格式话输出流
                pwriter. close( ) ;
                // 关闭字符串输出流
                writer. close( ) ;
                // 创建空的点餐车对象
                cart = new Cart( ) ;
```

```
            // 清空会话点餐车
            session. setAttribute("CART", cart);
            // response. getWriter(). write(writer. toString());
            // 捕获异常
        } catch (Exception ex) {
            // 输出异常信息
            ex. printStackTrace();
        }
    }
}
```

4）在 com. chinasofti. ordersys. service. waiters 包中新建 OrderService 订单管理服务对象，用于订单管理功能。

OrderService 类方法见表 1-20。

表 1-20　OrderService 类方法

方　法　名	说　　明
addOrder(int waiterId, int tableId)	增加订单的放发
addOrderDishesMap(Cart. CartUnit unit, int key)	添加订单菜品详细信息
getNeedPayOrdersByPage(int page, int pageSize, int state)	以分页方式获取不同支付状态订单信息
getMaxPage(int pageSize, int state)	获取特定支付状态订单的总页数
getNeedPayOrders(int state)	获取不同支付状态订单信息
requestPay(Integer orderId)	请求支付订单
getOrderById(Integer orderId)	根据订单号获取订单详情
getSumPriceByOrderId(Integer orderId)	获取单一订单的总价
getOrderDetailById(Integer orderId)	根据订单号获取订单详情
changeState(Integer orderId, int state)	修改订单支付状态
getOrderInfoBetweenDate(Date beginDate, Date endDate)	根据结单时间段查询订单信息

代码如下：

```
@Service
public class OrderService {
    @Autowired
    OrderMapper mapper;
    public OrderMapper getMapper() {
        return mapper;
```

```java
        }
        public void setMapper(OrderMapper mapper) {
            this.mapper = mapper;
        }
        public Object addOrder(int waiterId, int tableId) {
            OrderInfo info = new OrderInfo();
            info.setWaiterId(waiterId);
            info.setTableId(tableId);
            // 获取带有连接池的数据库模板操作工具对象
            // 获取添加订单时的时间
            Date now = new Date();
            info.setOrderBeginDate(new java.sql.Date(now.getTime()));
            mapper.addOrder(info);
            // 由于订单表只有单列主键,因此将第一个生成的主键值返回
            return new Long(info.getOrderId());
        }
        public void addOrderDishesMap(Cart.CartUnit unit, int key) {
            // 获取带有连接池的数据库模板操作工具对象
            mapper.addOrderDishesMap(unit, key);
        }
        public List<OrderInfo> getNeedPayOrdersByPage(int page, int pageSize, int state) {
            // 获取带有连接池的数据库模板操作工具对象
            ArrayList<OrderInfo> list = helper.preparedForPageList("select orderId, order-
BeginDate, orderEndDate, waiterId, orderState, dishes, num from orderinfo, orderdishes where
orderinfo.orderId=orderdishes.orderReference and orderinfo.orderState=0",
                new Object[]{}, page, pageSize, OrderInfo.class);
            int first = (page - 1) * pageSize;
            // 进行查询操作
            List<OrderInfo> list = mapper.getNeedPayOrdersByPage(first, pageSize,
                state);
            // 返回查询的结果
            return list;
        }
        public int getMaxPage(int pageSize, int state) {
```

```
            // 查询符合条件的总条目数
        Long rows = mapper. getMaxPage( state) ;
            // 计算总页数并返回
        return ( int) ( ( rows. longValue( ) - 1) / pageSize + 1) ;
    }
    public List<OrderInfo> getNeedPayOrders( int state) {
            // 获取带有连接池的数据库模板操作工具对象
            // 返回查询结果
        return mapper. getNeedPayOrders( state) ;
    }
    public void requestPay( Integer orderId) {
            // 获取带有连接池的数据库模板操作工具对象
        java. sql. Date now = new java. sql. Date( System. currentTimeMillis( ) ) ;
        mapper. requestPay( orderId, now) ;
    }
    public OrderInfo getOrderById( Integer orderId) {
            // 执行查询并返回结果
        return mapper. getOrderById( orderId) ;
    }
    public float getSumPriceByOrderId( Integer orderId) {
            // 查询总价
        Double sum = mapper. getSumPriceByOrderId( orderId) ;
        System. out. println( orderId + "------------------------" + sum) ;
            // 返回总价
        return sum. floatValue( ) ;
    }
    public List<OrderInfo> getOrderDetailById( Integer orderId) {
            // 查询并返回订单详情列表
        return mapper. getOrderDetailById( orderId) ;
    }
    public void changeState( Integer orderId, int state) {
        mapper. changeState( orderId, state) ;
    }
    public List<OrderInfo> getOrderInfoBetweenDate( Date beginDate, Date endDate) {
```

```
        return mapper. getOrderInfoBetweenDate( new java. sql. Date( beginDate. getTime
( )), new java. sql. Date( endDate. getTime( )));
    }
}
```

5）在 com. chinasofti. ordersys. mapper 包中新建 OrderMapper 订单管理持久层对象，用于订单管理数据库操作功能。代码如下：

```
@Mapper
public interface OrderMapper {
        @ Insert ( " insert into orderinfo ( orderBeginDate, waiterId, tableId ) values ( #
{info. orderBeginDate} ,#{info. waiterId} ,#{info. tableId} )" )
    @Options( useGeneratedKeys = true, keyProperty = "info. orderId" )
    public void addOrder( @Param( "info" ) OrderInfo info);
        @Insert ( " insert into orderdishes ( orderReference, dishes, num ) values ( #{ key } , #
{ unit. dishesId} ,#{ unit. num} )" )
    public void addOrderDishesMap( @Param( "unit" ) Cart. CartUnit unit,
        @Param( "key" ) int key);
    @Select( "select * from orderinfo, userInfo where orderState = #{ state} and userIn-
fo. userId = orderinfo. waiterId limit #{ first} ,#{ max} " )
    public List<OrderInfo> getNeedPayOrdersByPage( @Param( "first" ) int first,
        @Param( "max" ) int max, @Param( "state" ) int state);
    @Select( "select count( * ) from orderinfo where orderState = #{ state} " )
    public Long getMaxPage( @Param( "state" ) int state);
        @Select( "select * from orderinfo, userInfo where orderState = #{ state} and userIn-
fo. userId = orderinfo. waiterId" )
    public List<OrderInfo> getNeedPayOrders( @Param( "state" ) int state);
    @Update( "update orderinfo set orderState = 1 , orderEndDate = #{ now} where orderId =
#{ orderId} " )
    public void requestPay( @Param( "orderId" ) Integer orderId,
        @Param( "now" ) Date now);
    @Select( "select * from orderinfo, userinfo where orderId = #{ orderId} and orderin-
fo. waiterId = userinfo. userId" )
    public OrderInfo getOrderById( @Param( "orderId" ) Integer orderId);
    @Select( "SELECT SUM( d. dishesPrice * od. num) FROM orderinfo a, dishesinfo d,
```

```
orderdishes od WHERE a. orderId = od. orderReference AND od. dishes = d. dishesId AND
a. orderId = #{orderId}")
    public Double getSumPriceByOrderId(@Param("orderId") Integer orderId);
    @Select(" SELECT * FROM orderinfo o, userinfo u, orderdishesod, dishesinfo d
WHERE orderId = #{orderId} AND o. waiterId = u. userId AND od. orderReference =
o. orderId AND d. dishesId = od. dishes")
    public List<OrderInfo> getOrderDetailById(@Param("orderId") Integer orderId);
    @Update("update orderinfo set orderState = #{state} where orderId = #{orderId}")
    public void changeState(@Param("orderId") Integer orderId,
        @Param("state") int state);
    @Select("select * from orderinfo, userInfo where orderState = 2 and userInfo. userId =
orderinfo. waiterId and orderinfo. orderEndDate between #{bd} and #{ed}")
    public List<OrderInfo> getOrderInfoBetweenDate(@Param("bd") Date beginDate,
        @Param("ed") Date endDate);
}
```

启动服务器，访问 http://localhost:8080/OrderSysSSM，登录服务员账号，验证点餐功能，账号及密码见表 1-21。

表 1-21　账号及密码

系 统 角 色	用 户 名	密　　码
餐厅服务员	cc	1

知识小结 【对应证书技能】

MyBatis 运行原理如图 1-28 所示。

1）图中最上面的 MyBatis 配置文件 SqlMapConfig. xml，作为 MyBatis 的全局配置文件，配置了 MyBatis 的运行环境等信息。Mapper. xml 文件即 SQL 映射文件，文件中配置了操作数据库的 SQL 语句。此文件需要在 SqlMapConfig. xml 文件中进行加载。

2）通过 MyBatis 环境等配置信息构造会话工厂 SqlSessionFactory，然后由会话工厂创建会话 SqlSession，操作数据库需要通过 SqlSession。

3）MyBatis 底层定义了使用 Executor 执行器接口操作数据库，Executor 接口有两个实现，一个是基本执行器，另一个是缓存执行器。

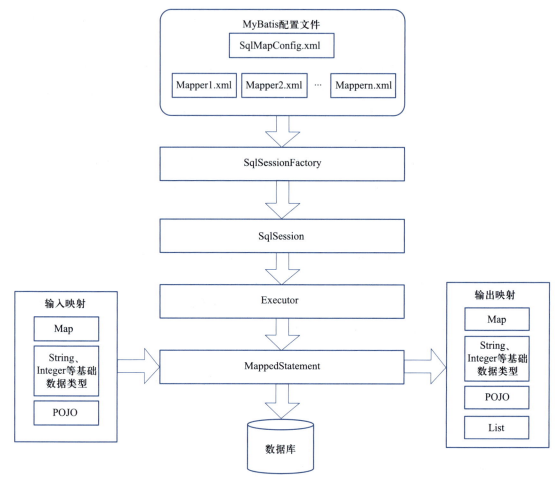

图 1-28　MyBatis 运行原理示意图

4）MappedStatement 也是 MyBatis 一个底层封装对象，它包装了 MyBatis 配置信息以及 SQL 映射信息等。Mapper. xml 文件中每个 SQL 对应一个 MappedStatement 对象，SQL 的唯一 ID 即是 MappedStatement 对象的 ID。如图 1-28 所示，左边表明 MappedStatement 对象可以对 SQL 的输入参数进行定义，包括基本类型、集合类型、POJO 等，Executor 通过该对象在执行 SQL 前将输入的 Java 对象映射至该 SQL 中，输入参数映射就是 JDBC 编程中预编译语句 PreparedStatement 对象中设置的参数；图右边表明 MappedStatement 对象也可以对 SQL 执行输出结果进行定义，包括基本类型、集合类型、POJO，Executor 通过该对象在执行 SQL 后将输出结果映射至封装了 Java 对象的集合中，输出结果的映射过程相当于 JDBC 编程中对结果集的解析处理过程。

本任务知识技能点与等级证书技能的对应关系见任务 1.3 的表 1-11。

任务 1.5　实现实时消息推送

任务描述

本任务将实现后厨模块及信息推送功能。

知识准备

信息推送的相关知识在初级教材中已经介绍过，这里不再赘述。

任务实施

步骤 1：创建获取推送消息处理程序。

1）任务 1.3 已经导入 com. chinasofti. util. web. serverpush 包中的 MessageProducer 类，该类表示服务器推送消息的消息生产者。

MessageProducer 类方法见表 1-22。

表 1-22　**MessageProducer 类方法**

方　法　名	说　　明
sendMessage(String sessionID, String messageTitle, String msg)	生产消息

代码如下：

```
public class MessageProducer {
    public void sendMessage(String sessionID, String messageTitle, String msg) {
        // 利用给出的消息目标客户 sessionID 和消息标题创建消息键
        ServerPushKey key = new ServerPushKey(sessionID, messageTitle);
        // 如果消息等待序列中存在本键,执行消息的生产操作
        if (ServerPushMQ. waitQueue. get(key) ! = null) {
            // 获取到消息等待序列中的消息对象
            Message message = ServerPushMQ. waitQueue. get(key);
            // 将消息内容填充到消息对象
            message. setMsg(msg);
            // 获取到消息对象的同步锁
            synchronized (message) {
```

```
            /* 唤醒由消息对象锁定阻塞的线程,即由消息的消费者阻塞的
    HTTP 请求处理线程,消息的消费者将直接调用消息处理器的处理方法 */
            message. notifyAll( );
        }
      }
    }
  }
```

2) 在 com. chinasofti. ordersys. controller. kitchen 包中新建 GetPushMsgHandler 类,表示获取推送消息处理程序。

GetPushMsgHandler 类方法见表 1-23。

表 1-23　GetPushMsgHandler 类方法

方　法　名	说　　　明
initService(final HttpServletRequest request,final Ht-tpServletResponse response)	初始化服务
getHandler(final HttpServletRequest request,final Ht-tpServletResponse response, final HttpSession session)	获取处理器

代码如下:

```
public abstract class GetPushMsgHandler {
    public abstract MessageHandler getHandler(final HttpServletRequest request,final Ht-
tpServletResponse response);
    public void initService(final HttpServletRequest request,final HttpServletResponse re-
sponse, final HttpSession session) {
    }
}
```

步骤 2:创建获取推送消息模板组件。

在 com. chinasofti. ordersys. controller. kitchen 包中新建 GetPushMsgTemplate 类,表示获取推送消息模板组件。

GetPushMsgTemplate 类方法见表 1-24。

表 1-24　GetPushMsgTemplate 类方法

方　法　名	说　　　明
getMsg(HttpServletRequest request, HttpServletResponse response,GetPushMsgHandler handler)	获取推送消息数据

代码如下：

```java
@Component
public class GetPushMsgTemplate {
    public void getMsg(HttpServletRequest request,
            HttpServletResponse response, GetPushMsgHandler handler) {
        String messageTitleParameterName = "messageTitle";
        // 设置正确的请求字符集,以防止出现乱码
        try {
            request.setCharacterEncoding("utf-8");
        } catch (UnsupportedEncodingException e) {
            // TODO Auto-generated catch block
            e.printStackTrace();
        }
        // 设置到客户端输出流中输出数据的字符集
        response.setCharacterEncoding("utf-8");
        // 获取用户的 session 会话对象
        HttpSession session = request.getSession(true);
        handler.initService(request, response, session);
        // 获取用户希望抓取数据的名称
        String messageTitle = request.getParameter(messageTitleParameterName);
        // 创建服务器数据推送的消息消费者
        MessageConsumer mconsumer = new MessageConsumer();
        // 由于需要在匿名内部类对象中使用响应对象,因此定义一个 final 版本
        final HttpServletResponse rsp = response;
        // 调用子类中实现的 setHandler()方法构建消息的处理对象
        MessageHandler mHandler = handler.getHandler(request, response);
        // 利用消息消费者尝试获取消息数据
        mconsumer.searchMessage(session.getId(), messageTitle, mHandler);
    }
}
```

步骤 3：实现实时消息推送。

1）在 src/main/webapp/pages/kitchen 文件夹中新建 kitchenmain.jsp 后厨人员备菜页

面，详细代码请参考本书配套的案例代码。使用服务员账号 bb 登录后的运行页面如图 1-29 所示。

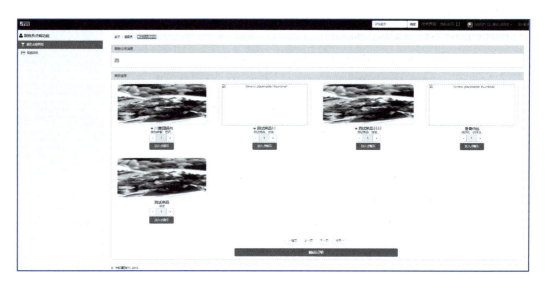

图 1-29 后厨人员备菜页面

2）在 com. chinasofti. ordersys. controller. kitchen 包中新建 RTDishesController 类，表示推送对应桌号及其菜品状态的通知消息。

RTDishesController 类方法见表 1-25。

表 1-25 RTDishesController 类方法

方 法 名	说 明
dishesDone(HttpServletRequest request, HttpServletResponse response)	对服务员生成菜品完成的消息
getRTDishes(HttpServletRequest request, HttpServletResponse response)	通知在线的服务员对应桌号及其菜品状态
getRTOrder(HttpServletRequest request, HttpServletResponse response)	后厨人员实时获取订单信息

代码如下：

```
@Controller
public class RTDishesController {
    @Autowired
    GetPushMsgTemplate template;
    public GetPushMsgTemplate getTemplate() {
        return template;
```

```java
    }
    public void setTemplate( GetPushMsgTemplate template) {
        this. template = template;
    }
    public static ArrayList<String> disheses = new ArrayList<String>( );
    public static ArrayList<String> kitchens = new ArrayList<String>( );
    @RequestMapping( "/dishesdone" )
    public void dishesDone( HttpServletRequest request,
            HttpServletResponse response) {
        // 设置响应结果集
        response. setCharacterEncoding( "utf-8" );
        // 获取菜品对应的桌号
        String tableId = request. getParameter( "tableId" );
        // 获取菜品名
        String dishesName = request. getParameter( "dishesName" );
        // 由于使用 AJAX 提交,因此需要转码
        try {
            dishesName = new String( dishesName. getBytes( "iso8859-1" ), "utf-8" );
        } catch ( UnsupportedEncodingException e) {
            // TODO Auto-generated catch block
            e. printStackTrace( );
        }
        // 创建消息生产者
        MessageProducer producer = new MessageProducer( );
        // 获取服务员等待列表
        ArrayList<String> list = disheses;
        // 遍历服务员等待列表
        for ( int i = list. size( ) - 1; i >= 0; i--) {
            // 获取特定的服务员 SessionID
            String id = list. get( i );
            // 对该服务员生成菜品完成等待传菜的消息
            producer. sendMessage( id, "rtdishes", "桌号[" + tableId + "]的菜品["
    + dishesName + "]已经烹制完成,请传菜!" );
```

```
                        // 从等待列表中删除该服务员
                        list. remove( id) ;
                }
        }
        @RequestMapping( "/getrtdishes" )
        public void getRTDishes( HttpServletRequest request,
                HttpServletResponse response) {
            GetPushMsgHandler handler = new GetPushMsgHandler( ) {
                    @Override
                    public MessageHandler getHandler( HttpServletRequest request, HttpServle-
tResponse response) {
                            // TODO Auto-generated method stub
                            // 设置请求字符集
                            response. setCharacterEncoding( "utf-8" ) ;
                            // TODO Auto-generated method stub
                            // 尝试处理实时消息
                            try {
                                // 获取针对客户端的文本输出流
                                final PrintWriter out = response. getWriter( ) ;
                                // 创建消息处理器
                                MessageHandler handler = new MessageHandler( ) {
                                        // 实时消息处理回调方法
                                        @Override
                                        public void handle(
                                                Hashtable<ServerPushKey, Message> messageQueue,
ServerPushKey key, Message msg) {
                                                // 将消息的文本内容直接发送给客户端
                                                out. print( msg. getMsg( ) ) ;
                                                // TODO Auto-generated method stub
                                        }
                                };
                                // 返回创建好的消息处理器
                                return handler;
```

```
            // 捕获创建消息处理器时产生的异常
        } catch (Exception ex) {
            // 输出异常信息
            ex.printStackTrace();
            // 返回空的消息处理器
            return null;
        }
    }
    @Override
    public void initService(HttpServletRequest request,
        HttpServletResponse response, HttpSession session) {
        // 将当前会话加入实时消息等待列表
        disheses.add(session.getId());
    }
};
template.getMsg(request, response, handler);
}
@RequestMapping("/getrtorder")
public void getRTOrder(HttpServletRequest request,
    HttpServletResponse response) {
GetPushMsgHandler handler = new GetPushMsgHandler() {
    @Override
    public MessageHandler getHandler(HttpServletRequest request,
        HttpServletResponse response) {
        // TODO Auto-generated method stub
        // 设置请求字符集
        response.setCharacterEncoding("utf-8");
        // 尝试处理实时消息
        try {
            // 获取针对客户端的文本输出流
            final PrintWriter out = response.getWriter();
            // 创建消息处理器
            MessageHandler handler = new MessageHandler() {
```

```
                    @Override
                    public void handle(
                        Hashtable<ServerPushKey, Message> messageQueue,
    ServerPushKey key, Message msg) {
                        // 将消息的文本内容直接发送给客户端
                        out.print(msg.getMsg());
                    }
                };
                // 返回创建好的消息处理器
                return handler;
                // 捕获创建消息处理器时产生的异常
            } catch (Exception ex) {
                // 输出异常信息
                ex.printStackTrace();
                // 返回空的消息处理器
                return null;
            }
        }

        @Override
        public void initService(HttpServletRequest request, HttpServletResponse re-
    sponse, HttpSession session) {
            // TODO Auto-generated method stub
            // 将当前会话加入实时消息等待列表
            kitchens.add(session.getId());

        }
    };

    template.getMsg(request, response, handler);

    }
}
```

3）在 com. chinasofti. ordersys. controller. admin 包中新建 RTBordController 类，表示实时公告信息。

RTBordController 类方法见表 1-26。

表 1-26　**RTBordController 类方法**

方　法　名	说　　　明
getRTBordMsg (HttpServletRequest request, HttpServletResponse response)	获取实时公告信息的等待列表
sendBord (HttpServletRequest request, HttpServletResponse response)	发送实时公告信息
getHandler (HttpServletRequest request, HttpServletResponse response)	获取实时消息处理器的回调

代码如下：

```
@Controller
public class RTBordController {
    /**
     * 获取实时公告信息的等待列表
     */
    public static ArrayList<String> bords = new ArrayList<String>();
    @RequestMapping("/getrtbord")
    public void getRTBordMsg(HttpServletRequest request,
            HttpServletResponse response) {
        String messageTitleParameterName = "messageTitle";
        // 设置正确的请求字符集,以防止出现乱码
        try {
            request. setCharacterEncoding("utf-8");
        } catch (UnsupportedEncodingException e) {
            // TODO Auto-generated catch block
            e. printStackTrace();
        }
        // 设置到客户端输出流中输出数据的字符集
        response. setCharacterEncoding("utf-8");
        // 获取用户的 session 会话对象
        HttpSession session = request. getSession(true);
        // 获取用户希望抓取数据的名称
        String messageTitle = request. getParameter(messageTitleParameterName);
        // 创建服务器数据推送的消息消费者
        MessageConsumer mconsumer = new MessageConsumer();
```

```java
        // 由于需要在匿名内部类对象中使用响应对象,因此定义一个 final 版本
        final HttpServletResponse rsp = response;
        // 将当前会话加入实时消息等待列表
        bords. add(session. getId());
        // 调用子类中实现的 setHandler()方法构建消息的处理对象
        MessageHandler handler = getHandler(request, response);
        // 利用消息消费者尝试获取消息数据
        mconsumer. searchMessage(session. getId(), messageTitle, handler);
    }
    @RequestMapping("/sendbord")
    public void sendBord(HttpServletRequest request,
            HttpServletResponse response) {
        // 设置响应字符集
        response. setCharacterEncoding("utf-8");
        // 获取公告信息
        String bord = request. getParameter("bord");
        // 创建实时消息生产者
        MessageProducer producer = new MessageProducer();
        // 获取实时公告信息等待列表
        ArrayList<String> list = bords;
        // 遍历等待列表
        for (int i = list. size() - 1; i >= 0; i--) {
            // 获取等待信息的用户 sessionID
            String id = list. get(i);
            // 针对该 sessionID 和消息标题、内容生产消息
            producer. sendMessage(id, "rtbord", bord);
            // 将该 sessionID 从等待列表中删除
            list. remove(id);
        }
    }
    public MessageHandler getHandler(HttpServletRequest request,
            HttpServletResponse response) {
        // 设置请求字符集
```

```
                response. setCharacterEncoding("utf-8");
            // 尝试处理实时消息
            try {
                // 获取针对客户端的文本输出流
                final PrintWriter out = response. getWriter();
                // 创建消息处理器
                MessageHandler handler = new MessageHandler() {
                    // 实时消息处理回调方法
                    @Override
                    public void handle(
                        Hashtable<ServerPushKey, Message> messageQueue,
                        ServerPushKey key, Message msg) {
                        // 将消息的文本内容直接发送给客户端
                        out. print(msg. getMsg());
                    }
                };
                // 返回创建好的消息处理器
                return handler;
                // 捕获创建消息处理器时产生的异常
            } catch (Exception ex) {
                // 输出异常信息
                ex. printStackTrace();
                // 返回空的消息处理器
                return null;
            }
        }
    }
```

4）修改 com. chinasofti. ordersys. controller. waiters 包中的 CartController 类。

解除第 21 行代码注释:

import com. chinasofti. ordersys. controller. kitchen. RTDishesController;

解除第 173~185 行代码注释:

```
// 获取后厨等待列表
ArrayList<String> list = RTDishesController. kitchens;
// 创建消息生产者
MessageProducer producer = new MessageProducer( );
// 遍历每一个等待用户的后厨
for ( int i = list. size( ) - 1; i >= 0; i--) {
    // 获取单个等待用户的 sessionID
    String id = list. get(i);
    // 为该用户生成点菜订单消息
    producer. sendMessage(id, "rtorder", msg);
    // 在等待列表中删除该用户
    list. remove(id);
}
```

5）重新部署项目启动服务器，打开两个浏览器访问 http://localhost:8080/OrderSysSSM，分别登录餐厅服务员和餐厅后厨账号，验证点餐功能，账号及密码见表 1-27。

表 1-27 账号及密码

系 统 角 色	用 户 名	密 码
后厨人员	bb	1
餐厅服务员	cc	1

服务员设置点餐台号后，选择菜品并单击"加入点餐车"按钮，最后单击"确认订单"按钮，餐车内菜品数据即实时推送到后厨人员页面，后厨人员单击"开始烹饪"按钮更改菜品状态为正在烹饪，再次单击"正在烹饪"按钮即完成传菜功能，如图 1-30 所示。

图 1-30 菜品管理页面

知识小结　【对应证书技能】

常用服务器推送消息主要有以下几种方法：

1）轮询。轮询可分为短轮询和长轮询。短轮询即浏览器定时向服务器发送请求，以此来更新数据的方法。短轮询不是服务器推送的消息，获取的数据也不是实时的。长轮询是短轮询的一个翻版，或者叫改进版。浏览器向服务器发送一个请求，看有没有数据，有数据就响应，没数据就保持该请求，直到有数据再返回。浏览器在服务器返回数据时再发送一个请求，这样浏览器就可以一直获取到最新的数据。

2）HTTP 流。不同于上述两种轮询，HTTP 流在页面的整个生命周期内只使用一个 HTTP 连接。具体来说，就是浏览器向服务器发送一个请求，而服务器一直保持连接打开，然后周期性地向浏览器发送数据。

3）Web Socket。Web Socket 是在一个单独的持久连接上提供全双工、双向通信。在 JavaScript 中创建了 Web Socket 之后，会有一个 HTTP 请求发送到浏览器以发起连接。在取得服务器响应后，建立的连接会从 HTTP 升级为 Web Socket 协议。

4）HTTP2.0。HTTP2.0 的特点是首部压缩、多路复用、请求响应管线化、服务器推送等，这些特点建立在 HTTP2.0 流的基础上。

本任务知识技能点与等级证书技能的对应关系见表 1-28。

表 1-28　任务 1.5 知识技能点与等级证书技能的对应关系

任务 1.5 知识技能点		对应证书技能			
知识点	技能点	工作领域	工作任务	职业技能要求	等级
1. 实时消息推送	1. 掌握创建推送消息程序、组件 2. 实现实时消息推送	2. 应用开发	2.2 Web 应用服务端开发	2.2.4 掌握 MVC 基本概念和开发模式，掌握几种跳转方式，掌握解决重复提交的方法	中级

拓展练习

本练习将实现结账模块，其功能流程为：

1）服务员选择一个未结账的订单发起结账申请，如图 1-31 所示。

2）管理员接收到申请后，确认结账，完成结账流程，如图 1-32 所示。

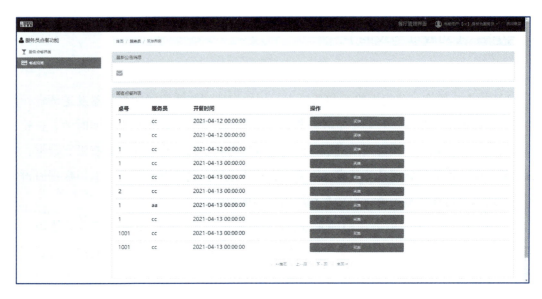

图 1-31 结账模块页面

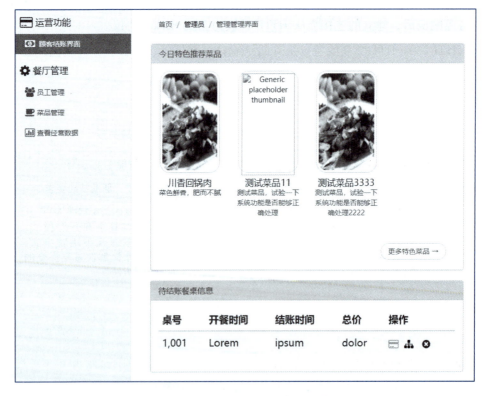

图 1-32 管理员—顾客结账页面

任务 1.6　版本控制及代码审查

任务描述

本任务使用 SonarLint 对项目代码进行分析审查，根据 SonarLint 的修改建议进行修复，并通过 Git 仓库管理代码版本。

知识准备

Sonar 可以从以下 7 个维度检测代码质量，而作为开发人员至少需要处理前 5 种代码质量问题：

1）不遵循代码标准。Sonar 可以通过 PMD、CheckStyle、Findbugs 等代码规则检测工具规范代码编写。

2）潜在的缺陷。Sonar 可以通过 PMD、CheckStyle、Findbugs 等代码规则检测工具检测出潜在的缺陷。

3）糟糕的复杂度分布。文件、类、方法等如果复杂度过高将难以改变，也会使开发人员难以理解。如果没有自动化的单元测试，对于程序中任何组件的改变都可能导致需要全面的回归测试。

4）重复。如果程序中包含大量复制粘贴的代码，其质量是低下的，Sonar 可以展示源代码中重复严重的地方。

5）注释不足或者过多。没有注释将使代码可读性变差，特别是当不可避免地出现开发人员变动时，程序的可读性将大幅下降；而过多的注释又会使得开发人员将精力浪费在阅读注释上，也违背初衷。

6）缺乏单元测试。Sonar 可以很方便地统计并展示单元测试覆盖率。

7）其他复杂的设计。通过 Sonar 可以找出循环，展示包与包、类与类之间相互依赖关系，可以检测自定义的架构规则。通过 Sonar 可以管理第三方的 jar 包，利用 LCOM4 检测单个任务规则的应用情况，检测耦合。

任务实施

步骤 1：使用 Sonar 扫描。

本项目主要修复 Java 代码的问题。在分析前，需要先将其他类型排除，避免分析结果的问题列表内容过多而不易查看。具体操作如下：

1）右击项目根目录，选择 Properties 命令，如图 1-33 所示。

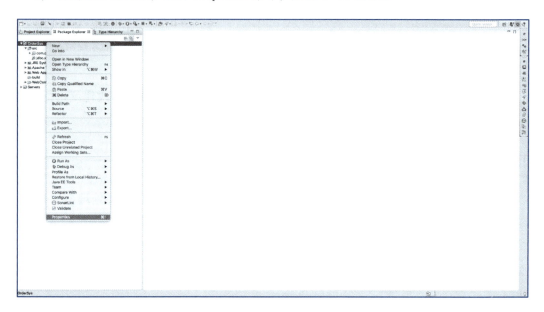

图 1-33　项目属性设置

2）在打开的 Properties for OrderSys 对话框中找到 SonarLint 下的 Analyzer Properties 项，单击右侧的 Configure Workspace Settings 超链接，打开 Preferences 对话框，选择 SonarLint 下的 Rules Configuration 项，取消勾选 Java 以外的所有复选框，如图 1-34 所示。

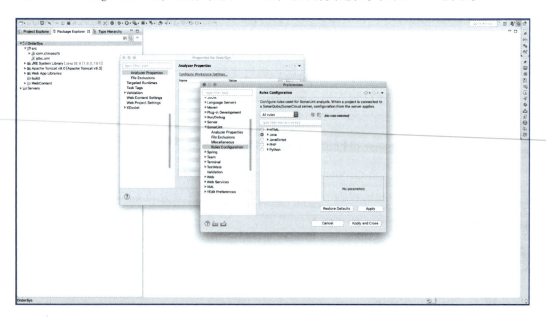

图 1-34　通过 SonarLint 检查规则设置

3）右击项目根目录，选择 SonarLint 子菜单中的 Analyze 命令进行分析，分析结果将会在自动打开的 SonarLint Report 窗口中显示，如图 1-35 所示。

图 1-35　SonarLint 操作

步骤 2：分析问题列表。

1）SonarLint Report 窗口中列出的问题即是需要修复的问题，按红、绿、蓝 3 种颜色，分别代表不同的问题严重级别，其中红色最严重，蓝色最轻。右击某一个问题，在弹出的快捷菜单中选择 Rule description 命令，查看问题描述及修改建议，如图 1-36 所示。

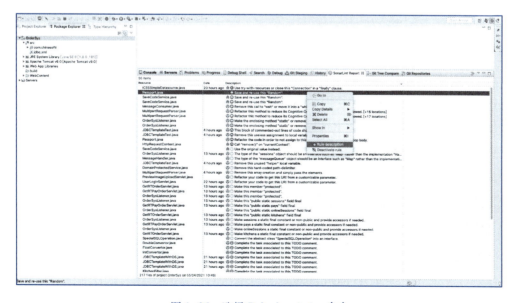

图 1-36　选择 Rule description 命令

2）在 SonarLint Rule Description 窗口中可见问题的描述（不合规的写法及合规的写法）。从本例中可以看出，使用 Random 类生成随机数时，不应每次使用时都实例化一个对象出来，造成资源浪费，而应将其定义为全局变量或静态对象，项目启动时实例化，后续可直接使用，无须实例化，如图 1-37 所示。

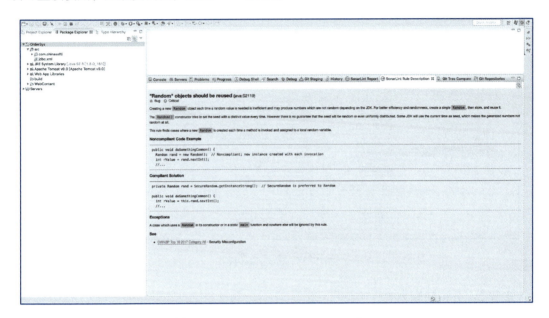

图 1-37   SonarLint Rule Description 窗口

步骤 3：修改问题并验证。

1）从上面的问题分析可知，Random 类分别在 Passport 和 SaveCodeService 类中使用到，如果将其定义为类内的全局变量，则需要重复两次这样的代码，所以这里应将其定义为全局静态对象，用单例模式最合适。在 com. chinasofti. util 包中创建 RandomFactory 单例工厂类，该工厂类实现逻辑如下：

① 定义静态对象 random，用于存储全局唯一的 Random 类实例对象。

② 通过静态代码块实例化 Random 对象并赋值给 random，这样项目启动时，就可以给唯一的全局 random 对象完成赋值。

③ 对外公开唯一的 getInstance( )方法，返回唯一的 random 对象，确保外部只能通过它获取这个对象，并且都是同一个对象。

代码如下：

```
public class RandomFactory {
        private static Random random;
        static {
```

```
                    random = new Random( );
            }
        public static Random getInstance( ) {
                    return random;
            }
    }
```

2) 将所有用到 new Random( ) 方法的代码改为如下代码:

```
Random random = RandomFactory. getInstance( );
```

步骤 4: 版本控制。

1) 选择 Window→Show View→Others 菜单命令, 选择 Git Repositories 项并单击 Open 按钮打开 Git Repositories 窗口, 如图 1-38 所示。

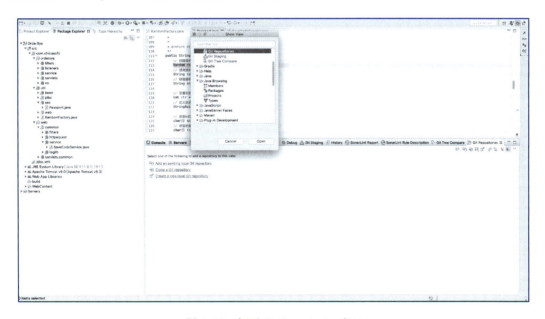

图 1-38 打开 Git Repositories 窗口

2) 单击 Clone a Git repository 超链接, 打开 Clone Git Repository 对话框, 填写 URI、User、Password 等仓库信息后单击 Finish 按钮完成仓库复制, 如图 1-39 所示。

3) 从远程仓库拉取 (Pull) 代码到本地: 右击项目根目录, 选择 Team→Pull 命令, 即可进行拉取, 如图 1-40 所示。

4) 本地修改代码后, 进行提交 (Commit) 缓存, 操作流程如下:

① 右击项目根目录, 选择 Team→Commit 命令, 如图 1-41 所示。

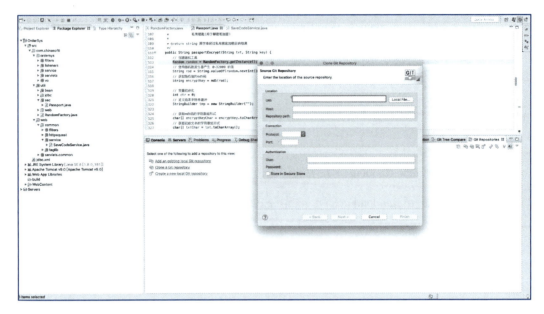

图 1-39 复制仓库

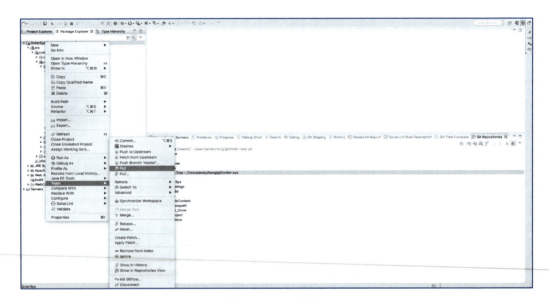

图 1-40 Pull 操作

② 打开 Git Staging 窗口，该窗口中记录当前时间、本地仓库的代码与现在项目中已修改的文件状态。如状态为 Unstaged Changes，则代表代码已修改，但还未添加到缓存中，不会提交到本地仓库；如状态为 Staged Changes，则代表代码已修改，且已添加到缓存中，可以提交到本地仓库中保存版本。将需要保存的代码文件先添加到 Staged Changes 状态，再填写 Commit Message，即可单击 Commit 按钮提交，或单击 Commit and Push 按钮提交到

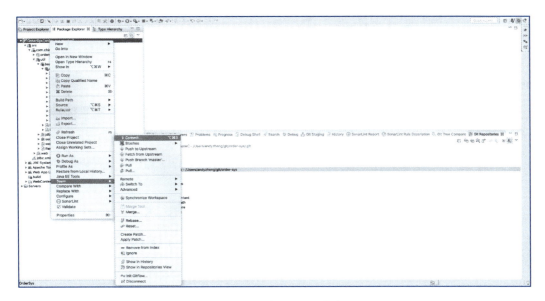

图 1-41　选择 Commit 命令

本地仓库，并推送到远程仓库，如图 1-42 所示。

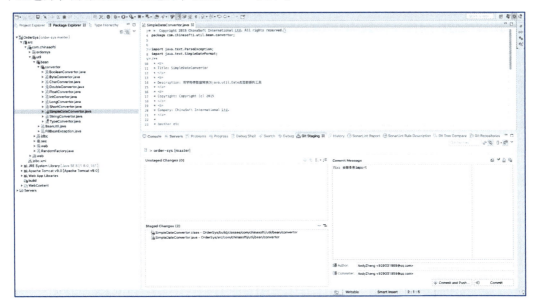

图 1-42　提交代码

5）将已提交的所有缓存推送（Push）到远程仓库。当项目名右侧显示"上箭头+数量"时，说明有提交的代码未推送到远程仓库（"下箭头+数量"为远程仓库代码有更新，本地还未拉取下来），可右击项目名，选择 Team→Push to Upsteam 命令，对代码进行推送，如图 1-43 所示。

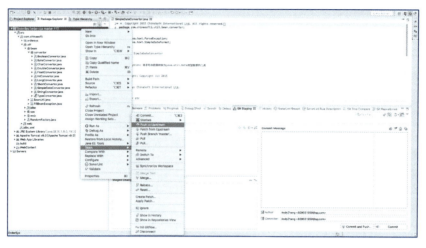

图 1-43　推送代码

知识小结 【对应证书技能】

本任务主要学习使用 Sonar 扫描代码问题并修复，以及使用 Git 代码版本管理工具管理代码版本。

本任务知识技能点与等级证书技能的对应关系见表 1-29。

表 1-29　任务 1.6 知识技能点与等级证书技能对应

任务 1.6 知识技能点		对应证书技能			
知识点	技能点	工作领域	工作任务	职业技能要求	等级
1. 使用 SonarLint 分析代码问题 2. 使用 Git 管理代码版本	1. 使用 SonarLint 分析代码问题 2. 根据 SonarLint 问题建议修复代码问题 3. 使用 Git 的 Clone、Pull、Commit 以及 Push 等功能	1. 代码管理	1.1 代码审查 2.1 代码版本管理工具的安装和使用	1.1.1 掌握基本 Java 代码规范 1.1.2 了解常用的代码审查工具的作用 1.1.3 了解 Java 代码常见问题，包括规范性、内存泄漏、关闭连接或流、代码缺陷等 1.1.4 掌握 Sonar 检查工具的安装和使用 2.1.1 掌握 Git 的安装、配置与使用 2.1.2 掌握代码仓库的创建，代码的 Pull（拉取）、Commit（提交）、Push（推送）、代码分支创建、合并、变基等操作	中级

微课 1-7
编制系统安装
部署手册

任务 1.7　编制系统安装部署手册

任务描述

本任务的主要目的是对系统的安装部署、运行过程中可能存在的问题以及实时维护进行描述。

知识准备

项目安装部署常规步骤如下：

1）打包项目（war 包或者 jar 包）。

2）上传到 Linux 服务器的 Tomcat 的 webapps 目录。

3）查看当前程序是否在运行。

4）关闭当前程序。

5）重新启动服务。

6）测试部署是否完成。

任务实施

步骤 1：部署项目时所需软件以及文件。

1）WinSCP 与 PuTTY 工具。WinSCP 用于将数据传输到 linux 服务器，PuTTY 用于连接 linux 服务器执行命令，如图 1-44 所示。

2）项目的 SQL 文件在任务 1.2 中提供，如图 1-45 所示。

图 1-44　WinSCP 与
PuTTY 工具

图 1-45　项目 SQL 文件

3）把项目打包生成 war 部署文件，过程如图 1-46 所示。

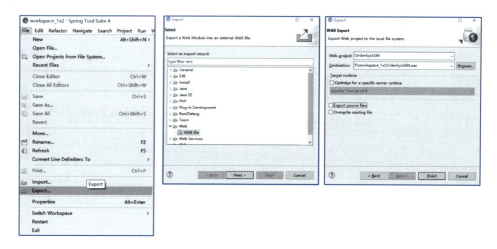

图 1-46　生成项目部署文件

步骤 2：使用 WinSCP 连接到 Linux 服务器并上传文件。

1）打开 WinSCP，单击"新建会话"按钮，填写登录信息并单击"登录"按钮，如图 1-47 所示。

- 主机名：服务器 IP 地址。
- 用户名：一般使用 root。
- 密码：对应的 Linux 系统 root 用户登录密码。

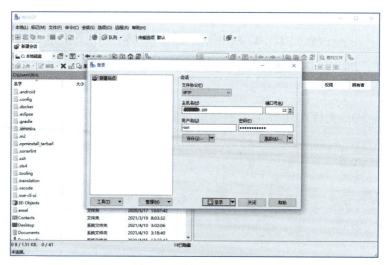

图 1-47　填写登录信息

2）将 SQL 文件与 war 包拖入"家目录"（/root），如图 1-48 所示。

步骤 3：打开服务器终端。

1）打开 PuTTY 终端填写服务器 IP 地址，如图 1-49 所示。

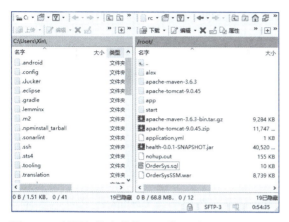 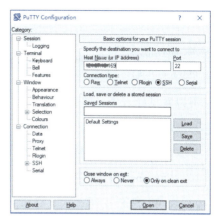

图 1-48　部署相关文件拖入"家目录"目录（/root）　　　图 1-49　打开服务器终端

2）输入用户名及密码并登录服务器，连接成功则如图 1-50 所示。

图 1-50　登录服务器

步骤 4：使用 SQL 文件建立数据库结构。

1）输入如下命令：

```
mysql – u root -p
```

其中，root 表示的是数据库的用户名，与登录 Linux 的 root 用户无关。此时系统要求输入数据库 root 用户的密码，注意输入时没有回显，输入后按 Enter 键即可。

2）成功后出现"mysql>"提示符就表示可以输入 SQL 语句。

3）使用 SQL 语句创建数据库，输入命令：

```
create database meeting;
```

4）切换到 meeting 数据库，输入命令：

```
use meeting;
```

5）导入 SQL 文件，输入命令：

```
source  ~/OrderSys. sql
```

其中，source 代表使用 SQL 文件的命令；波浪线 "~" 代表 "家目录"（因为使用 Xftp 上传了 SQL 文件夹到家目录）；OrderSys. sql 是 SQL 文件的名称。

6）输入如下命令，

```
show tables；
```

可以看见导入了一些表。

7）使用 quit 命令退出 MySQL。

步骤 5：放置 war 包到 tomcat 的 webapps 文件夹中。

1）找到 tomcat 目录并进入 webapps 目录，然后把 war 包放入该目录中，如图 1-51 所示。

2）在 WinSCP 找到 tomcat 目录并进入 bin 目录，然后右击 startup. sh 文件，选择 "文件自定义命令" → "执行" 命令，启动 Tomcat 服务，如图 1-52 所示。

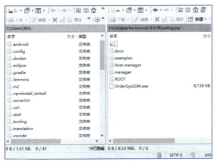

图 1-51　把 war 包放入 webapps 目录

图 1-52　WinSCP 执行 startup. sh 文件，启动 Tomcat 服务

3）暴露 Tomcat 服务器的 8080 端口。暴露端口可以被外部访问，在 PuTTY 中通过下列命令暴露 Tomcat 的 8080 号端口。

```
/sbin/iptables -I INPUT -p tcp --dport 8080 -j ACCEPT
```

使用以下 Linux 命令查看已经开放哪些端口：

```
netstat -nupl（UDP 类型的端口）
netstat -ntpl（TCP 类型的端口）
```

4）配置服务器防火墙，开放外部访问端口权限。登录服务器的配置页面，设置防火墙的外部访问端口权限。

步骤 6：测试部署是否完成。

在浏览器中输入 "http://服务器 IP:端口号/OrderSysSSM/"，结果如图 1-53 所示。

图 1-53　访问项目首页

知识小结 【对应证书技能】

1. 打包

打包是把应用和其依赖的组件组织在一起，并分发到目标系统上。一个 Java 项目生成 jar 包或者 war 包，或者 Python 项目生成 wheel/egg 文件，都是打包的过程。

打包的意义在于制作可以重复使用的软件。所有琐碎的工作都在打包时完成了，而在要部署的目标系统上，无须使用源代码，无须处理依赖，也无须编译，只要把打包好的软件"安装"好即可。

2. 部署

打包和部署两件事虽然经常一起执行，但不能混为一谈，部署的动作其实是独立的。一份打包好的软件，根据不同的使用场景，可能会有多种部署。对互联网软件的部署，从线上环境而言，就有开发环境、测试环境以及生产环境。部署其实主要是进行资源的调配。

本任务知识技能点与等级证书技能的对应关系见表 1-30。

表 1-30　任务 1.7 知识技能点与等级证书技能的对应关系

任务 1.7 知识技能点		对应证书技能			
知识点	技能点	工作领域	工作任务	职业技能要求	等级
1. 安装、部署和外部访问	1. 掌握 Linux 的安装、部署和外部访问	4. 系统测试与部署	4.2 系统部署	4.2.1 熟练掌握桌面虚拟化软件的部署和 Linux 虚拟机的安装、部署和外部访问	中级

项目总结

本项目中，任务 1.1 主要完成搭建代码构建、审查和版本管理环境；任务 1.2 主要完成 Spring、MyBatis、Spring MVC 等开源框架的搭建及使用，掌握 Spring-MyBatis 集成；任务 1.3~任务 1.5 通过标准软件开发过程实践，熟悉软件开发过程，实现用户登录模块、菜品模块、点餐模块以及实时消息推送功能；任务 1.6 主要完成版本控制和代码审查；任务 1.7 介绍系统的安装部署、运行过程中可能存在的问题以及实时维护等相关技术。完成本项目的学习，应当可掌握开发规范、项目管理知识，提升工程实践能力。

作为项目 2 的前导章节，本项目旨在通过工程实践掌握对 SSM 开源框架的理解及使用，为项目 2 的设计和实施打下扎实的基础。

课后练习

文本：参考答案

一、选择题

1. 下列 Spring MVC 常用注解中，用于标记控制器的是（　　　）。

A. @Controller　　　B. @Service　　　C. @Repository　　　D. @Component

2. 下列对 Spring 中 Bean 的注入的说法中，正确的是（　　　）。

A. Bean 根据注入方式不同，可以分为构造方法注入和自动装载

B. 使用构造方法注入构造对象的同时，完成依赖关系的建立

C. 在关系的对象很多时，使用构造方法注入更适合

D. 构造方法通过 constructor-index 属性来指定，在该标签下要指定索引的位置

3. 在使用 MyBatis 时，除了可以使用 @Param 注解来实现多参数入参，还可以用（　　　）传递多个参数值。

A. Map 对象　　　B. List 对象　　　C. 数组　　　D. Set 集合

二、填空题

1. Spring 中 Bean 的 5 种作用域分别是_____、_____、_____、_____ 和_____。

2. Spring AOP 中常用的几种通知分别是_____、_____、_____、_____ 和_____。

3. MyBatis 提供了两种支持动态 SQL 的语法，分别是_____ 和_____。

三、简答题

1. 简述 Spring MVC 的工作原理。

2. 请解释 Spring Bean 的生命周期。

3. 简述 MyBatis 的插件运行原理，以及如何编写一个插件。

四、实训题

1. Spring MVC 配置线程池 Executor 做多线程并发操作的代码实例。

2. 使用线程池进行并发操作，注意在线程中操作变量时变量的作用域范围（全局与局部）。

项目 2　服务接口应用开发与测试

学习目标

本项目主要学习使用 Java EE 开源框架编写 API（应用程序编程接口），从而提供数据存储、通信及其他各类服务；掌握使用 Spring Boot 框架构建后端项目，以及用项目管理工具 Maven 对 Java 项目进行构建及依赖管理。为保证 API 的授权访问，需要掌握使用 Spring Security 框架和 JWT 完成接口的权限控制功能，同时通过标准软件开发过程实践，熟悉接口设计、编码和测试标准流程以及编写相关的文档。

PPT：项目 2
服务接口应用
开发与测试

项目介绍

将项目 1 的餐厅点餐系统使用服务接口的设计思路进行改造升级，为前后端分离架构开发提供后端服务支撑；使用主流的开发框架 Spring Boot，结合常用的 Spring MVC、MyBatis、Spring Security 等技术框架实现登录认证、用户管理、菜品管理等接口功能。

知识结构

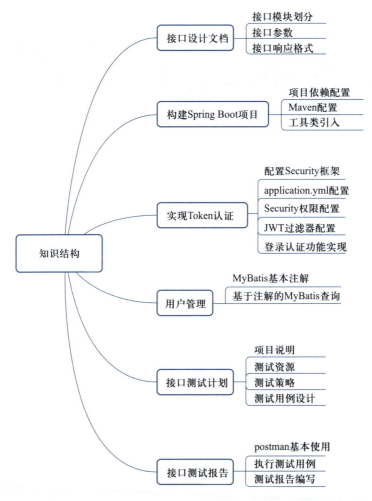

任务 2.1   编写接口设计文档

微课 2-1
编写接口设计文档

任务描述

本任务主要是编写项目的接口设计文档，作为后续开发接口的标准。

知识准备

1. 接口设计文档

在项目开发中，采用前后端分离架构开发，需要由前后端开发工程师共同定义接口并编写接口文档，之后开发人员需要依据这个接口文档进行开发，并在项目结束前保持该项目文档的维护。

2. 接口设计文档的作用

1）约束：在前后端合作开发的项目中，可能会出现前后端开发人员对接口理解不一致的情况，这时接口设计文档就起到了约束的作用。

2）规范：项目通常会由多个开发人员协同完成，如果没有接口设计文档，代码的实现逻辑就可能差别很大，从而降低开发效率，增加维护成本。通过接口设计文档，可以规范项目中接口的实现思路，方便后期人员查看及维护。

任务实施

步骤 1：编写接口设计文档的项目介绍。

1. 项目概述

本项目是应用于餐厅的点餐系统，共实现 3 种角色及其他功能，分别是餐厅服务员的点餐、提交结账功能；后厨人员的配菜功能；管理员的结账、用户管理等功能。该系统实现了餐厅管理的信息化，同时有效提升了点餐、配菜、结账等工作的效率。

2. 用户故事

根据用户故事识别系统必须处理的各种请求，识别出应用程序的核心系统操作。用户故事接口详见表 2-1。

表 2-1　用户故事接口

操　作　者	用户故事	请　求　接　口	描　　述
管理员、服务员、后厨人员	用户登录	/login	用户验证并授权访问资源
服务员	菜品列表	/getdishesbypage	获取菜品列表
服务员	设定桌号	/settableid	设定点餐的餐桌号

续表

操 作 者	用 户 故 事	请 求 接 口	描 述
服务员	点餐单提交	/addcart /commitcart	提交点餐单
服务员	订单列表	/getpaylist /requestpay	获取待支付列表
后厨人员	菜品烹饪 管理	/getrtdishes /dishesdone /getrtorder	通过按钮确定对应菜品的烹制状态 （准备烹制、正在烹制、烹制完毕）
管理员	用户管理	/adduser /modifyuser /deleteuser /getonlinekitchen /getonlinewaiters /getuserbypage	用户的增、删、改、查功能
管理员	菜品管理	/adddishes /modifydishes /deletedishes /getdishesbypage	菜品的增、删、改、查功能

3. 功能模块

根据用户故事，将接口大致划分为 5 个模块，具体见表 2-2。

表 2-2　功 能 模 块

序　号	模　块	说　明
1	用户登录	用户验证并授权访问资源
2	点餐模块	获取菜品列表、设定点餐的餐桌号、提交点餐、获取待支付列表
3	菜品管理	菜品的增、删、改、查功能
4	用户管理	用户的增、删、改、查功能
5	菜品烹饪管理	通过按钮确定对应菜品的烹制状态（准备烹制、正在烹制、烹制完毕）

步骤 2：编写登录模块的接口设计。

4. 用户登录模块接口描述

用户登录模块接口描述见表 2-3。

表 2-3　登录模块接口

请求接口	用户故事	操 　作 　者	描 　述
/login	用户登录	管理员、服务员、后厨人员	用户验证并授权访问资源

5. 用户登录接口设计

1) 接口说明：请求方式为 POST，请求地址为/login。

2) 功能说明：用户通过提交用户名和密码，获取授权的 token 标志，并获取用户信息。

3) 请求参数（输入值）见表 2-4。

表 2-4 登录接口请求参数

参 数 名	类 型	说 明
username	string	用户名
password	string	用户密码

4) 响应参数（输出值）见表 2-5。

表 2-5 登录接口响应参数

参 数 名	类 型	说 明
data	Map	返回数据
code	Integer	返回码
msg	String	返回信息
token	String	用户授权标志
user	Object | UserInfo	用户信息

5) 输出值 JSON 格式示例如下：

```
{
  "code" : 0,
  "data" : {
    "token" : "string",
    "user" : {
      "faceimg" : "string",
      "locked" : 0,
      "roleId" : 0,
      "roleName" : "string",
      "userAccount" : "string",
      "userId" : 0,
      "userPass" : "string"
```

```
        }
    },
    "msg" : "string"
}
```

步骤 3：编写用户管理模块的接口设计。

6. 用户管理

用户管理接口见表 2-6。

表 2-6　用户管理接口

请 求 接 口	操作者	描　　　述
/admin/user/getuserbypage	管理员	获取用户列表
/admin/user/adduser	管理员	新增用户
/admin/user/deleteuser	管理员	删除用户
/admin/user/adminmodifyuser	管理员	更新用户
/admin/user/get	管理员	查询用户
/admin/user/deleteuser	管理员	查询用户是否可用

（1）用户列表接口设计

1）接口说明：请求方式为 GET，请求地址为 /admin/user/getuserbypage。

2）功能说明：通过分页页码查询列表数据。

3）请求参数（输入值）见表 2-7。

表 2-7　用户列表接口请求参数

参　数　名	类　　型	说　　明
page	integer	分页页码

4）响应参数（输出值）见表 2-8。

表 2-8　用户列表接口响应参数

参　数　名	类　　型	说　　明
datas	Array ｜ UserInfo	返回数据列表
code	Integer	返回码
msg	String	返回信息

5）输出值 JSON 格式示例如下：

```
{
    "code" : 0,
    "count" : 0,
    "datas" : [
        {
            "faceimg" : "string",
            "locked" : 0,
            "roleId" : 0,
            "roleName" : "string",
            "userAccount" : "string",
            "userId" : 0,
            "userPass" : "string"
        }
    ],
    "maxPage" : 0,
    "msg" : "string",
    "page" : 0
}
```

（2）新增用户接口设计

1）接口说明：请求方式为 POST，请求地址为/admin/user/adduser。

2）功能说明：新增一条用户记录。

3）请求参数（输入值）见表 2-9。

表 2-9　新增用户接口请求参数

参 数 名	类 型	说 明
userId	Integer	用户 ID
userAccount	String	用户账户
userPass	String	用户密码
roleId	Integer	用户角色 ID
roleName	String	用户角色名
locked	Integer	用户是否被锁定的标识
faceimg	String	用户头像路径

4）响应参数（输出值）见表 2-10。

表 2-10 新增用户接口响应参数

参 数 名	类 型	说 明
data	Object ｜ UserInfo	返回数据
code	Integer	返回码
msg	String	返回信息

5）输出值 JSON 格式示例如下：

```
{
    "code" : 0,
    "data" : {
        "faceimg" : "string",
        "locked" : 0,
        "roleId" : 0,
        "roleName" : "string",
        "userAccount" : "string",
        "userId" : 0,
        "userPass" : "string"
    },
    "msg" : "string"
}
```

（3）删除用户接口设计

1）接口说明：请求方式为 POST，请求地址为/admin/user/deleteuser。

2）功能说明：删除一条用户记录。

3）请求参数（输入值）见表 2-11。

表 2-11 删除用户接口请求参数

参 数 名	类 型	说 明
userId	Integer	用户 ID

4）响应参数（输出值）见表 2-12。

表 2-12 删除用户接口响应参数

参 数 名	类 型	说 明
data	Object	返回数据
code	Integer	返回码
msg	String	返回信息

5）输出值 JSON 格式示例如下：

```
{
    "code" : 0,
    "data" : {
    },
    "msg" : "string"
}
```

（4）更新用户接口设计

1）接口说明：请求方式为 POST，请求地址为/admin/user/adminmodifyuser。

2）功能说明：更新用户记录。

3）请求参数（输入值）见表 2-13。

表 2-13　更新用户接口请求参数

参　数　名	类　　型	说　　明
userId	Integer	用户 ID
userAccount	String	用户账户
userPass	String	用户密码
roleId	Integer	用户角色 ID
roleName	String	用户角色名
locked	Integer	用户是否被锁定的标识
faceimg	String	用户头像路径

4）响应参数（输出值）见表 2-14。

表 2-14　更新用户接口响应参数

参　数　名	类　　型	说　　明
data	Object ｜ UserInfo	返回数据
code	Integer	返回码
msg	String	返回信息

5）输出值 JSON 格式示例如下：

```
{
    "code" : 0,
```

```json
  "data" : {
    "faceimg" : "string" ,
    "locked" : 0,
    "roleId" : 0,
    "roleName" : "string" ,
    "userAccount" : "string" ,
    "userId" : 0,
    "userPass" : "string"
  } ,
  "msg" : "string"
}
```

（5）查询用户接口设计

1）接口说明：请求方式为 GET，请求地址为/admin/user/get。

2）功能说明：通过用户 ID 查询数据。

3）请求参数（输入值）见表 2-15。

表 2-15 查询用户接口请求参数

参 数 名	类 型	说 明
userId	integer	用户 ID

4）响应参数（输出值）见表 2-16。

表 2-16 查询用户接口响应参数

参 数 名	类 型	说 明
data	Object ｜ UserInfo	返回数据
code	Integer	返回码
msg	String	返回信息

5）输出值 JSON 格式示例如下：

```json
{
  "code" : 0,
  "data" : {
    "faceimg" : "string" ,
```

```
    "locked" : 0,
    "roleId" : 0,
    "roleName" : "string",
    "userAccount" : "string",
    "userId" : 0,
    "userPass" : "string"
  },
  "msg" : "string"
}
```

（6）验证用户名是否可用的接口设计

1）接口说明：请求方式为 POST，请求地址为/admin/user/checkuser。

2）功能说明：检查用户名是否可用。

3）请求参数（输入值）见表 2-17。

表 2-17　验证用户名接口请求参数

参　数　名	类　　型	说　　明
name	Integer	用户 ID

4）响应参数（输出值）见表 2-18。

表 2-18　验证用户名接口响应参数

参　数　名	类　　型	说　　明
data	Object	返回数据
code	Integer	返回码
msg	String	返回信息

5）输出值 JSON 格式示例如下：

```
{
  "code" : 0,
  "data" : {
  },
  "msg" : "string"
}
```

知识小结 【对应证书技能】

本任务主要学习编写项目的接口设计文档，在编写文档过程中了解项目接口设计的基本内容，掌握接口文档的基本结构和接口规范。编写接口设计文档包含以下核心内容：

1）定义接口的请求方式和请求地址。

2）描述接口功能逻辑。

3）定义输入值，即请求参数。

4）定义输出值，即响应参数。

5）定义输出值为 JSON 格式。

本任务知识技能点与等级证书的对应关系见表 2-19。

表 2-19　任务 2.1 知识技能点与等级证书技能对应

任务 2.1 知识技能点		对应证书技能			
知识点	技能点	工作领域	工作任务	职业技能要求	等级
1. 编写接口设计文档	1. 系统接口设计	2. 软件后端设计	2.3 服务接口设计	2.3.1 了解软件服务接口设计原则	高级

拓展练习

参照本任务的步骤 2 和步骤 3，编写菜品管理、订单流程的接口设计。

任务 2.2　搭建 Spring Boot 项目基础

任务描述

微课 2-2
搭建 Spring Boot
项目基础

本任务将通过 STS 搭建基本的 Spring Boot 项目，并通过配置 Maven 依赖，引入常用的项目基础框架。另外，本任务还会引入项目中用到的基础工具类，搭建一个基本可用的 Spring Boot 项目。

知识准备

1. Spring Boot 框架

Spring Boot 是一个框架、一种全新的编程规范，其简化了 Spring 众多框架中所需的大量且烦琐的配置文件，让文件配置及应用部署变得相当简单可以快速开启一个 Web 容器进行开发。因此，Spring Boot 是一个服务于框架的框架，服务范围是简化配置文件。

2. Spring Boot 的核心功能

1）可独立运行的 Spring 项目：Spring Boot 可以以 jar 包的形式独立运行。

2）内嵌的 Servlet 容器：Spring Boot 可以选择内嵌 Tomcat、Jetty 或者 Undertow，无须以 war 包形式部署项目。

3）简化的 Maven 配置：Spring 提供推荐的基础 POM 文件来简化 Maven 配置。

4）自动配置 Spring：Spring Boot 会根据项目依赖来自动配置 Spring 框架，极大地减少项目要使用的配置。

5）提供生产就绪型功能：提供可以直接在生产环境中使用的功能，如性能指标、应用信息和应用健康检查。

6）无代码生成和 XML 配置：Spring Boot 不生成代码，完全不需要任何 XML 配置即可实现 Spring 的所有配置。

3. Maven 项目管理工具

Maven 是项目管理工具，主要有项目构建和依赖管理两个作用。项目构建就是项目编译、测试、集成发布实现自动化；依赖管理是很方便的功能，只要把当前项目所依赖的构件（jar、war 等）写到 pom 配置文件中，就可以从仓库中自动导入对应的构件及构件依赖的其他构件。不同的 Maven 项目共享一个构件仓库，项目引用仓库中的构件，避免重复下载。

任务实施

步骤 1：创建项目。

1）在 STS 中选择 File→New→Spring Starter Project 菜单命令，新建 Spring Boot 项目，如图 2-1 所示。

2）添加项目信息，填写包名和唯一标志等信息，填写完毕后单击 Next 按钮，如图 2-2 所示。

3）在 New Spring Starter Project Dependencies 对话框中选择 Web→Spring Web 项，单击 Finish 按钮，如图 2-3 所示。

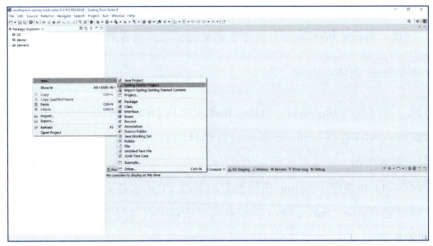

图 2-1　新建 Spring Boot 项目

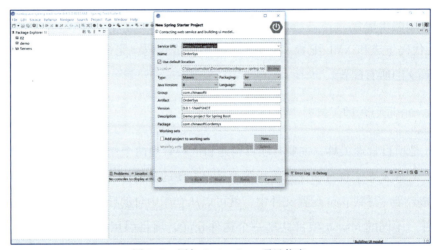

图 2-2　添加 Spring Boot 项目信息

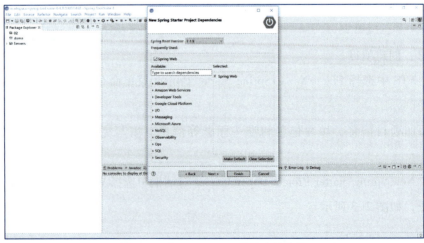

图 2-3　为 Spring Boot 项目选择依赖

步骤 2：创建项目结构。

1）在项目目录下，分别新建如表 2-20 所示的包，把功能相关的类或接口组织在同一个包中，方便类的查找和使用。

表 2-20　包 名 描 述

包　名	作　用
api	接口类
common	公共代码
config	项目配置
mapper	dao 层接口
model	实体类
service	业务代码 service 类
util	工具类代码

2）创建项目结构后结果如图 2-4 所示。

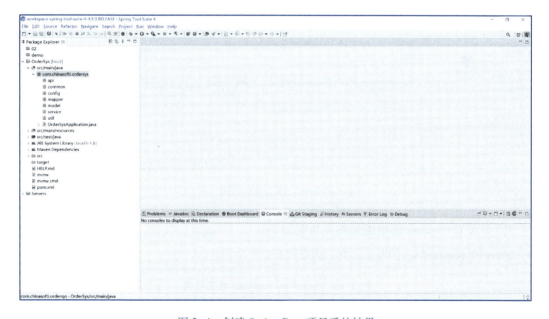

图 2-4　创建 Spring Boot 项目后的结果

步骤 3：编写 Maven 依赖文件。

在 pom.xml 文件中，添加如下代码，引入 commons-lang3 包。

```
<dependency>
    <groupId>org.apache.commons</groupId>
```

```
<artifactId>commons-lang3</artifactId>
</dependency>
```

步骤4：引入工具类。

1）选择本书配套的代码包，解压到本地目录，如图2-5所示。

2）引入公共代码，将代码包中common的代码复制到项目目录common包中，结果如图2-6所示。

图2-5　代码增量包内容

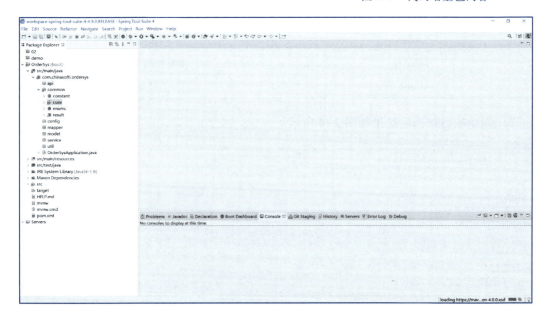

图2-6　引入公共代码

3）引入的common包中的公共类功能如下。

common. constant包中的工具类见表2-21。

表2-21　common. constant包工具类

类　　名	功　　能
Constants. java	定义项目中用到的常量
HttpStatus. java	定义项目中API返回的状态码
UserConstants. java	定义项目中用户登录认证模块中的常量标志

common. core. lang包中的工具类见表2-22。

表 2-22　common. core. lang 包工具类

类　　名	功　　能
UUID. java	用于生成唯一 ID

common. core. text 包中的工具类见表 2-23。

表 2-23　common. core. text 包工具类

类　　名	功　　能
CharsetKit. java	字符串的字符集编码转换工具
Convert. java	类型转换器
StrFormatter. java	字符串格式化

common. result 包中的工具类见表 2-24。

表 2-24　common. result 包工具类

类　　名	功　　能
PageResults. java	分页数据接口返回结果封装工具类
ResponseCode. java	定义项目中 API 返回的业务信息
Results. java	一般业务接口返回结果封装工具类

4) 引入工具类，将代码包中 util 的代码复制到项目目录 util 包下，结果如图 2-7 所示。

图 2-7　引入工具类

5）引入的 util 包中的工具类见表 2-25。

表 2-25　util 包工具类

类　　名	功　　能	包　　名
StringUtils. java	字符串处理的工具类	util
ServletUtils. java	获取请求相关的内部对象工具类	util. http

步骤 5：测试运行。

1）在 api 包中新建 TestController 类，结果如图 2-8 所示。

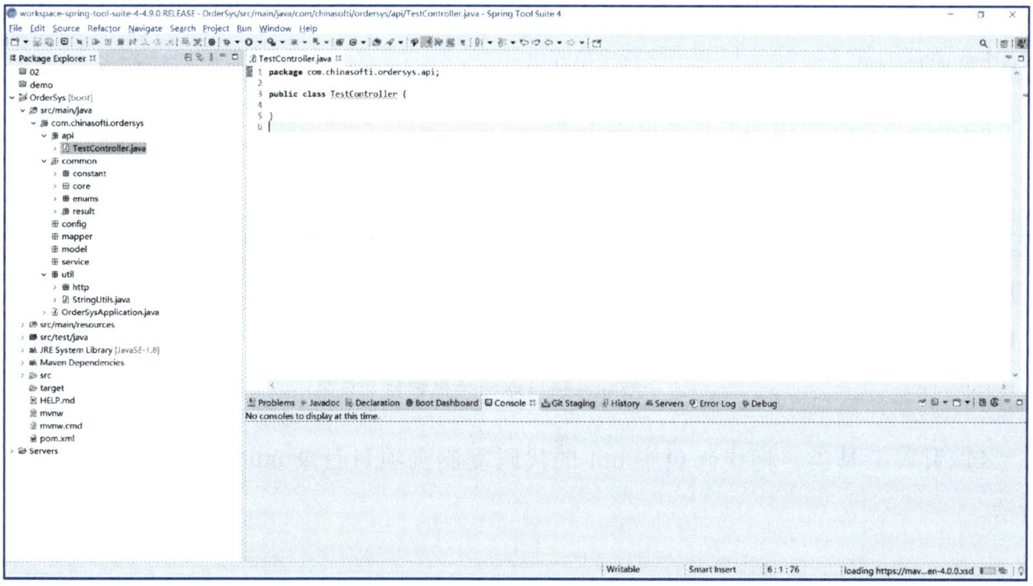

图 2-8　新建 TestController 类

2）在 TestController 类中编写用于验证的代码如下：

```
@RestController
@RequestMapping("/test")
public class TestController {
    @GetMapping("first")
    public String test() {
        return "Hello world!";
    }
    @GetMapping("res")
    public Results result() {
```

```
                    return Results.success("Hello world!");
        }
}
```

3）在项目名处右击，在弹出的快捷菜单中选择 Run As→Spring Boot App 命令，运行项目，如图 2-9 所示。

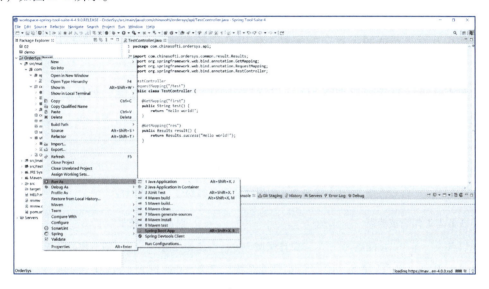

图 2-9 运行 Spring Boot 项目

4）验证项目，访问接口 http://127.0.0.1:8080/test/res，出现下面的返回数据，说明项目基础创建成功，如图 2-10 所示。

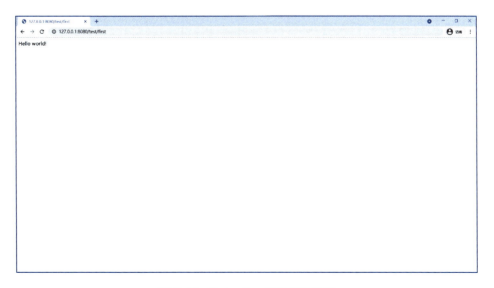

图 2-10 Spring Boot 项目运行结果

知识小结　【对应证书技能】

Spring Boot 框架用来简化项目的初始搭建以及开发过程，该框架中有两个非常重要的策略：开箱即用和约定优于配置。开箱即用是指通过在 Maven 项目的 pom 文件中添加相关依赖包，使用注解来代替烦琐的 XML 配置文件来管理对象的生命周期；约定优于配置是指由 Spring Boot 本身来配置目标结构，由开发者在结构中添加信息的软件设计范式。这两个特点使得开发人员摆脱了复杂的配置工作以及依赖的管理工作，更加专注于业务逻辑，并且可以将代码编译、测试和打包等工作自动化。

通过本任务，首先需要理解 Spring Boot 是一些库的集合，它能够被任意项目的构建系统所使用；其次，掌握使用 Spring Boot 框架搭建后端项目，并使用 Maven 工具管理项目的依赖版本。

本任务知识技能点与等级证书的对应关系见表 2-26。

表 2-26　任务 2.2 知识技能点与等级证书技能对应

任务 2.2 知识技能点		对应证书技能			
知识点	技能点	工作领域	工作任务	职业技能要求	等级
1. Spring Boot 框架的集成	1. 搭建 Spring Boot 框架 2. 编写 Maven 依赖文件	3. 高性能系统开发	3.2 Spring Boot 项目开发	3.2.1 熟练掌握 Spring Boot 项目的构建与配置	高级

任务 2.3　实现 API 的 Token 认证

微课 2-3
实现 API 的
Token 认证

任务描述

本任务将通过 Spring Security 和 Json Web Token（JWT）完成接口的权限控制，即在未登录前无法访问受保护的接口，成功登录获取到 Token 后，能够通过 Token 访问受保护的接口。

知识准备

1. Spring Security 框架

Spring Security 是一个功能强大且高度可定制的身份验证和访问控制框架，是用于保护基于 Spring 应用程序的实际标准。Spring Security 致力于为 Java 应用程序提供身份验证和授权。Spring Boot 对于 Spring Security 提供了自动化配置方案，即可以零配置进行使用。

2. 数据库连接池

在项目中，一般访问数据库会创建一个连接，用完后就关闭，对于简单的系统这样不会带来什么明显的性能上的开销。但是对于一个复杂的系统，频繁的建立、关闭连接，会极大地降低系统的性能，因为对于数据库连接的使用可能会成为系统性能的瓶颈。数据库连接池负责分配、管理和释放数据库连接，它允许应用程序重复使用一个现有的数据库连接，而不是再重新建立一个；释放空闲时间超过最大空闲时间的数据库连接来避免因为没有释放数据库连接而引起的数据库连接遗漏。

任务实施

步骤 1：引入认证工具类。

1）在 pom. xml 文件中，引入 MySQL 驱动包、MyBatis 框架、Spring Security 框架以及 JWT 包。代码如下：

```
<! -- mybatis -->
<dependency>
    <groupId>org. mybatis. spring. boot</groupId>
    <artifactId>mybatis-spring-boot-starter</artifactId>
    <version>2. 0. 1</version>
</dependency>
<! -- 数据库驱动 -->
<dependency>
    <groupId>mysql</groupId>
    <artifactId>mysql-connector-java</artifactId>
    <scope>runtime</scope>
    <version>8. 0. 15</version>
</dependency>
<! -- Spring Security 安全认证 -->
<dependency>
    <groupId>org. springframework. boot</groupId>
    <artifactId>spring-boot-starter-security</artifactId>
</dependency>
<! -- Token 生成与解析 -->
```

```
<dependency>
    <groupId>io. jsonwebtoken</groupId>
    <artifactId>jjwt</artifactId>
    <version>0. 9. 0</version>
</dependency>
```

2）右击 application. properties 文件，选择 Refactor→Rename 命令，打开重命名对话框，将 application. properties 重命名为 application. yml，结果如图 2-11 所示。

图 2-11   更新 application. yml 配置文件

3）在 application. yml 文件中添加以下代码：

```
server：
  port：8080
# 指定打印日志配置
logging：
  level：
    # 定义项目 mapper 包下的日志打印机为 debug
    com. chinasofti. ordersys. mapper：DEBUG
spring：
  profiles：
    active：dev
# 热编译
devtools：
```

```
    restart:
        #需要实时更新的目录
        additional-paths: resources/**,static/**,templates/**
    datasource:
        driver-class-name: com.mysql.cj.jdbc.Driver
        url: jdbc:mysql://127.0.0.1:3306/ordersys? useUnicode=true&characterEncoding
=utf-8&allowMultiQueries=true&useSSL=false&serverTimezone=UTC
        username: root
        password: root
        platform: mysql
        # 连接池配置
        type: com.zaxxer.hikari.HikariDataSource
        hikari:
            # 连接池中允许的最小连接数,默认值为 10
            minimum-idle: 10
            # 连接池中允许的最大连接数,默认值为 10
            maximum-pool-size: 100
            # 自动提交
            auto-commit: true
            # 一个连接 idle 状态的最大时长(毫秒),超时则被释放(retired),默认为 10 分钟
            idle-timeout: 30000
            # 连接池名字
            pool-name: HikariCP
            # 一个连接的生命时长(毫秒),超时而且没被使用则被释放(retired),默认为
30 分钟,建议设置比数据库超时时长少 30 秒
            max-lifetime: 1800000
            # 等待连接池分配连接的最大时长(毫秒),超过这个时长还没可用的连接则发
生 SQLException,默认为 30 秒
            connection-timeout: 30000
            # 数据库连接测试语句
            connection-test-query: SELECT 1
mybatis:
    # 指定实体类存放的包路径
```

```
type-aliases-package：com. chinasofti. ordersys. model
# 指定 mapper. xml 文件的位置为 /mybatis-mappers/ 下的所有 xml 文件
mapper-locations：classpath:/mybatis-mappers/ *
# 转换到驼峰命名
configuration：
    mapUnderscoreToCamelCase：true
# token 配置
token：
  # 令牌自定义标识
  header：Authorization
  # 令牌密钥
  #   secret：abcdefghijklmnopqrstuvwxyz
  secret：（OREDERSYS：）_$^11244^%$_(IS：)_@@++--（BAD：）_++++_. sds_
（GUY：）
  # 令牌有效期(默认 30 分钟)
  expireTime：60
```

4）在 common 包中引入认证工具类，下载本书配套的代码包并解压到本地目录，结果如图 2-12 所示。

5）将代码包中 common 文件夹中的代码复制到项目目录 common 包中，结果如图 2-13 所示。

引入的 common. security 包中的工具类见表 2-27。

图 2-12　引入认证工具类 1

表 2-27　common. security 包工具类

类　名	功　能	位　置
LoginUser. java	登录认证使用的用户数据 JavaBean	common. security
JwtAuthenticationTokenFilter. java	基于 Token 认证的过滤器实现类	common. security. filter
AuthenticationEntryPointImpl. java	认证失败处理类	common. security. handle
SysLoginService. java	登录校验方法的实现类	common. security. service
TokenService. java	Token 验证处理实现类	common. security. service
UserDetailsServiceImpl. java	用户验证处理实现类	common. security. service

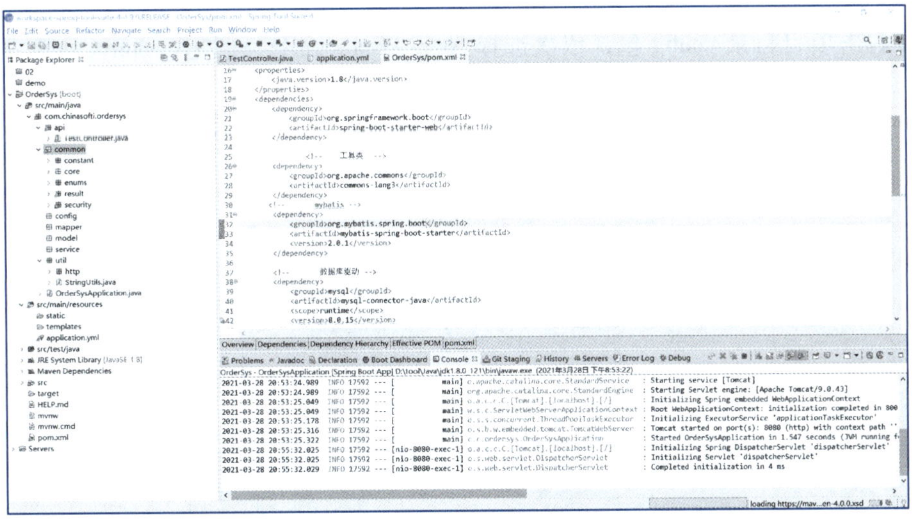

图 2-13　引入公共代码

6）在 util 包中引入认证工具类，将代码包中 util 的代码复制到项目目录 util 包中，结果如图 2-14 所示。

图 2-14　引入认证工具类 2

util. security 包中的工具类介绍见表 2-28。

表 2-28　util. security 包工具类

类　　名	功　　能
IdUtils. java	ID 生成器工具类
SecurityUtils. java	安全服务工具类
UserHandleUtils. java	登录用户数据临时缓存工具类

步骤 2：编写权限认证配置类。

1）右击项目目录 config 包，依次选择 New→Class 命令，创建 SecuityConfig 类文件，结果如图 2-15 所示。

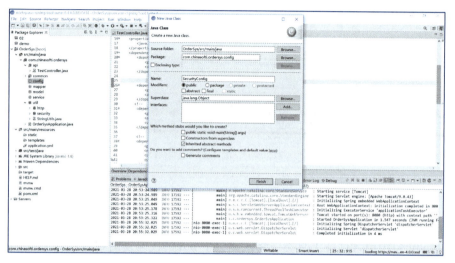

图 2-15　创建 SecuityConfig 类文件

2）SecurityConfig 类需要继承 WebSecurityConfigurerAdapter 抽象类，因此重写 configure（HttpSecurity http）方法，用来配置资源访问权限并验证用户权限信息。在 SecurityConfig. java 文件中添加如下代码：

```
/** Spring Security 配置 */
@EnableGlobalMethodSecurity( prePostEnabled = true，securedEnabled = true)
public class SecurityConfig extends WebSecurityConfigurerAdapter {
    /** 自定义用户认证逻辑 */
    @Autowired
    private UserDetailsService userDetailsService;
    /** 认证失败处理类 */
    @Autowired
    private AuthenticationEntryPointImpl unauthorizedHandler;
    /** Token 认证过滤器 */
    @Autowired
    private JwtAuthenticationTokenFilter authenticationTokenFilter;
    /** 解决无法直接注入 AuthenticationManager
     * @return
     * @throws Exception */
```

```
    @Bean
    @Override
    public AuthenticationManager authenticationManagerBean( ) throws Exception {
        return super. authenticationManagerBean( ) ;
    }

    /＊＊实现强散列哈希加密＊/
    @Bean
    public BCryptPasswordEncoder bCryptPasswordEncoder( ) {
        return new BCryptPasswordEncoder( ) ;
    }
    /＊＊身份认证接口＊/
    @Override
    protected void configure( AuthenticationManagerBuilder auth) throws Exception {
        auth. userDetailsService( userDetailsService) . passwordEncoder( bCryptPasswordEn-
coder( )) ;
    }
}
```

3）编写 SecurityConfig 类。根据接口服务的项目特点，需要在认证服务中解决下面的问题：

① 默认情况下，接口的权限控制。

② 允许登录接口，静态资源的匿名访问。

③ JWT 接入 Security 框架。

为了解决上述的问题，需要重写 configure（HttpSecurity http）方法，在 SecurityConfig. java 文件中添加如下代码：

```
@Override
    protected void configure( HttpSecurity httpSecurity) throws Exception {
        httpSecurity
                . csrf( ). disable( )        // CRSF 禁用,因为不使用 Session
                // 认证失败处理类
                . exceptionHandling( ).authenticationEntryPoint(unauthorizedHandler).and( )
                // 基于 Token,所以不需要 Session
                . sessionManagement ( ). sessionCreationPolicy( SessionCreationPolicy.
STATELESS). and( )
```

```
                            . authorizeRequests( )                // 过滤请求
                        // 对于登录,login 接口允许匿名访问
                        . antMatchers("/login" , "/api" , "/t") . anonymous( )
                        // 除上面之外的所有请求全部需要鉴权认证
                        . anyRequest( ) . authenticated( )
                        . and( ) . headers( ) . frameOptions( ) . disable( ) ;
                // 添加 JWT filter
                httpSecurity. addFilterBefore( authenticationTokenFilter, UsernamePasswordAuthe-
            nticationFilter. class ) ;
                }
```

在上面的代码中，需要重点关注以下几方面：

① 设置请求，默认全部需要鉴权认证。代码如下：

```
. authorizeRequests( )            // 过滤请求
// 所有请求全部需要鉴权认证
. anyRequest( ) . authenticated( )
```

② 对于登录，login 接口允许匿名访问。代码如下：

```
. authorizeRequests( )            // 过滤请求
// 对于登录,login 接口允许匿名访问
. antMatchers("/login" , "/api" , "/t") . anonymous( )
```

③ 添加过滤器用于过滤 JWT 的 Token，将 Token 的内容转换成 Security 的用户信息。代码如下：

```
httpSecurity. addFilterBefore( authenticationTokenFilter,
UsernamePasswordAuthenticationFilter. class ) ;
    }
```

4）编写 ConfigurerAdapter 类。由于目前浏览器的请求策略，在前后端服务使用的域名不一致的情况下，会导致接口访问异常。在本项目中，通过后台的跨域配置解决此问题。右击项目目录 config 包，选择 New→Class 命令，创建 ConfigurerAdapter 类文件，结果如图 2-16 所示。

5）在 ConfigurerAdapter 类文件中编写如下代码，启用服务器的跨域配置。

```
@Configuration
@EnableWebMvc
```

```
public class ConfigurerAdapter implements WebMvcConfigurer {
    // 令牌自定义标识
    @Value("${token.header}")
    private String header;
    @Bean
    public CorsFilter corsFilter() {
        UrlBasedCorsConfigurationSource source = new UrlBasedCorsConfigurationSource();
        CorsConfiguration config = new CorsConfiguration();
        config.setAllowCredentials(true);
        config.addAllowedOrigin("*");
        config.addAllowedHeader("*");
        config.addAllowedMethod("*");
        config.setExposedHeaders(Arrays.asList(header));
        source.registerCorsConfiguration("/**", config);
        return new CorsFilter(source);
    }
}
```

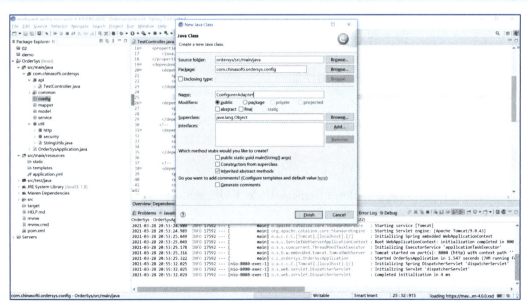

图 2-16　创建 ConfigurerAdapter 类文件

　　6）编写 GlobalExceptionHandler 类，用于全局错误处理。右击项目目录 config 包，选择 New→Class 命令，创建 GlobalExceptionHandler 类文件，结果如图 2-17 所示。

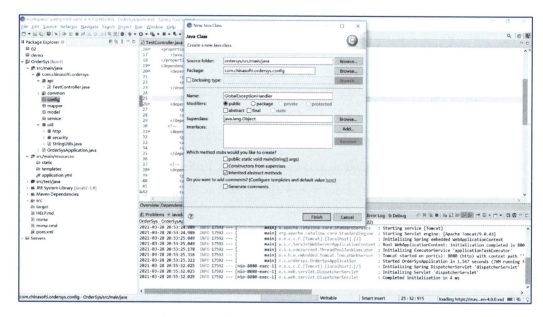

图 2-17 创建 GlobalExceptionHandler 类文件

7）在 GlobalExceptionHandler 中编写如下代码，通过配置，将应用运行时的异常全部拦截，并统一进行处理，返回自定义的业务返回码。

```
@RestControllerAdvice
public class GlobalExceptionHandler {
    /**
     * 拦截所有运行时的全局异常
     */
    @ExceptionHandler(RuntimeException. class)
    @ResponseBody
    public Results runtimeException(RuntimeException e) {
        return Results. failure(ResponseCode. FAIL. getCode(), e. getMessage());
    }
}
```

步骤 3：新建用户登录接口。

1）新建用户实体类。

① 右击 model 包，选择 New→Class 命令，新建 UserInfo 类，结果如图 2-18 所示。

② 在 UserInfo 类中添加如下代码：

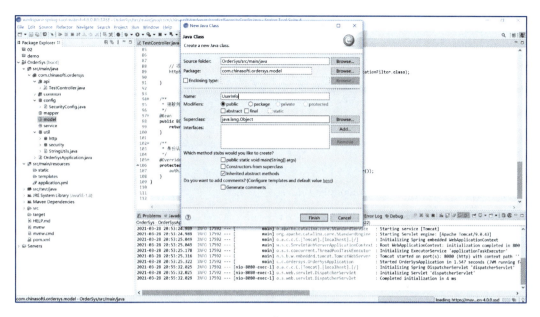

图 2-18　新建 UserInfo 类

```java
public class UserInfo {
    private int userId;  // 用户 ID
    private String userAccount;  // 用户账户
    private String userPass;  // 用户密码
    private int roleId;  // 用户角色 ID
    private String roleName;  // 用户角色名
    private int locked;  // 用户是否被锁定的标识
    private String faceimg = "default.jpg";  // 用户头像路径
    public String getFaceimg() {
        return faceimg;
    }

    public void setFaceimg(String faceimg) {
        this.faceimg = faceimg;
    }

    public int getLocked() {
        return locked;
    }

    public void setLocked(int locked) {
        this.locked = locked;
```

```
    }
    public int getUserId( ) {
        return userId;
    }
    public void setUserId(int userId) {
        this.userId = userId;
    }
    public String getUserAccount( ) {
        return userAccount;
    }
    public void setUserAccount(String userAccount) {
        this.userAccount = userAccount;
    }
    public String getUserPass( ) {
        return userPass;
    }
    public void setUserPass(String userPass) {
        this.userPass = userPass;
    }
    public int getRoleId( ) {
        return roleId;
    }
    public void setRoleId(int roleId) {
        this.roleId = roleId;
    }
    public String getRoleName( ) {
        return roleName;
    }
    public void setRoleName(String roleName) {
        this.roleName = roleName;
    }
}
```

2）新建登录 Mapper 接口。

① 在 mapper 包中新建 LoginMapper 类，结果如图 2-19 所示。

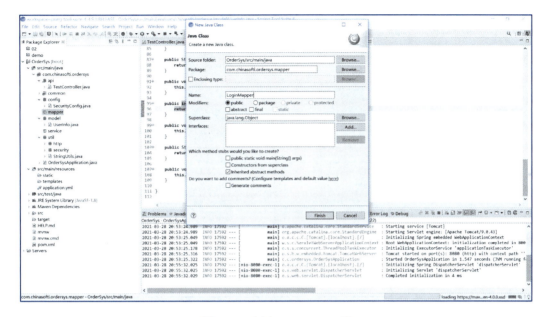

图 2-19　新建 LoginMapper 类

② 在 LoginMapper 类中添加如下代码：

```
@Mapper
public interface LoginMapper {
    @Select("select userId,userAccount,userPass,locked,roleId,roleName,faceimg from
userinfo,roleinfo where userinfo.role=roleinfo.roleId and userinfo.userAccount=#{userAc-
count}")
    public List<UserInfo> findUsersByName(@Param("userAccount") String userAc-
count);
}
```

3）新建登录 Service 类。

① 右击 service 包，在弹出的快捷菜单中，选择 New→Package 命令，新建 login 包，结果如图 2-20 所示。

② 在 service.login 包中新建 LoginService 类，结果如图 2-21 所示。

③ 在 LoginService 类中添加如下代码：

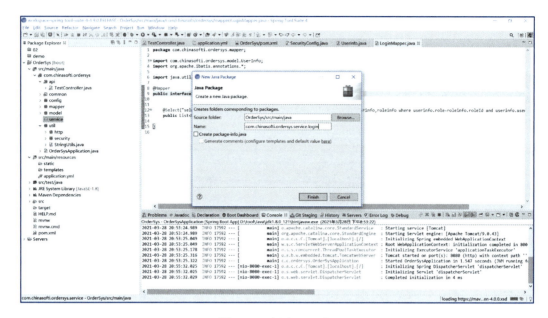

图 2-20　新建 login 包

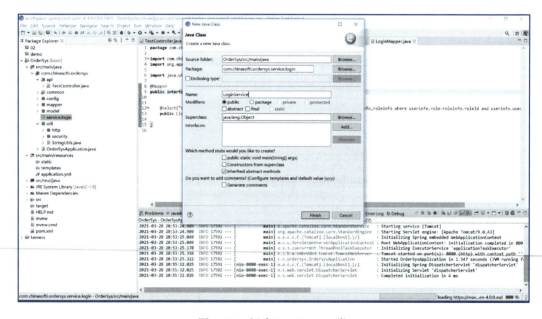

图 2-21　新建 LoginService 类

```
@Service
public class LoginService {
    @Autowired
    LoginMapper mapper;
```

```java
public LoginMapper getMapper() {
    return mapper;
}

public void setMapper(LoginMapper mapper) {
    this.mapper = mapper;
}

/**
 * 根据用户名查询用户数据
 * @param userAccount
 * @return
 */
public UserInfo findUserByName(String userAccount) {
    List<UserInfo> list = mapper.findUsersByName(userAccount);
    UserInfo userInfo = null;
    if (null != list && list.size() == 1) {
        userInfo = list.get(0);
    }
    return userInfo;
}
}
```

4）新建登录 API。

① 在 api 包中新建 login 包，结果如图 2-22 所示。

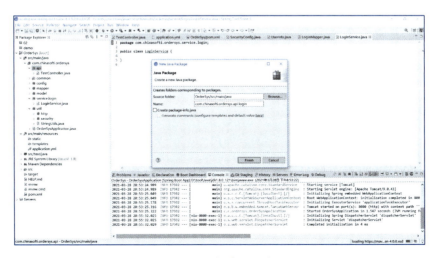

图 2-22　新建 login 包

② 在 api. login 包中新建 LoginController 类，结果如图 2-23 所示。

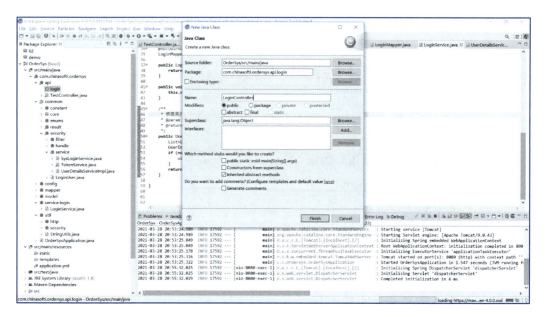

图 2-23　新建 LoginController 类

③ 在 LoginController 类中新增登录逻辑，添加如下代码：

```
@RestController
public class LoginController {
    @Autowired
    LoginService loginService;
    @Autowired
    SysLoginService sysLoginService;
    /**
     * 登录方法
     * @param username 用户名
     * @param password 密码
     * @return 结果
     */
    @PostMapping("/login")
    public Results login(String username, String password) {
        System. out. println("/login：username[" +username+"]" +" password：[" +
password+"]");
```

```
// 生成令牌
String token = sysLoginService. login(username, password);
LoginUser user = UserHandleUtils. getUser(token);
UserInfo userInfo = user. getUser();
userInfo. setUserPass("");
Map<String, Object> res = new HashMap<>(3);
res. put("token", token);
res. put("user", userInfo);
return Results. success(res);
    }
}
```

5）添加两个用于测试登录结果的接口，代码如下：

```
@GetMapping({"/auth"})
public Results auth(String username) {
    System. out. println("/auth: username["+username+"]");
    // 生成令牌
    Map<String, Object> res = new HashMap<>();
    res. put("api", "auth");
    res. put("username", username);
    res. put("msg", "登录后可见");
    return Results. success(res);
}


@PreAuthorize("hasRole('3')")
@GetMapping({"/waiter"})
public Results testRoleWaiter(String username) {
    System. out. println("/test: username["+username+"]");
    // 生成令牌
    Map<String, Object> res = new HashMap<>();
    res. put("api", "testRoleWaiter");
    res. put("username", username);
    res. put("msg", "服务员角色可见");_x0005__x0005_
```

```
        return Results. success(res);
    }
```

6）运行测试。

① 运行项目，结果如图 2-24 所示。

图 2-24　项目运行结果

② 打开 Postman，新建一个测试 tab，填写请求，然后添加两个请求参数，分别是 use-rname（值为 aa）和 password（值为 1），结果如图 2-25 所示。

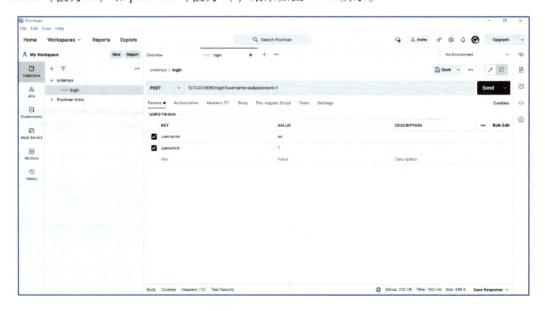

图 2-25　Postman 界面

③ 单击 send 按钮发送请求，看到返回的用户信息，说明登录成功，如图 2-26 所示。

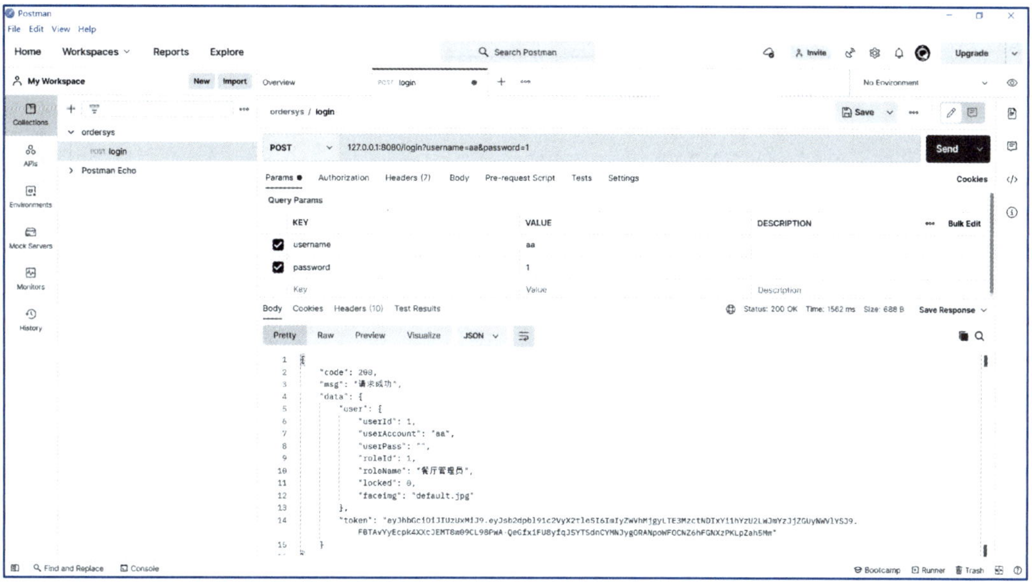

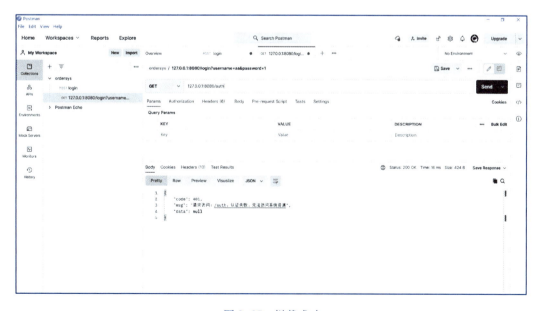

图 2-26　登录成功

④ 测试登录限制接口/auth。单击"+"按钮新建请求，并设置请求参数；再单击 Send 按钮发送请求。如果看到返回 401 认证失败的信息，说明当前接口是被拦截的，结果如图 2-27 所示。

图 2-27　拦截成功

⑤ 设置 Http headers。切换到刚才登录接口的测试页面，复制数据中的 Token 内容，结果如图 2-28 所示。

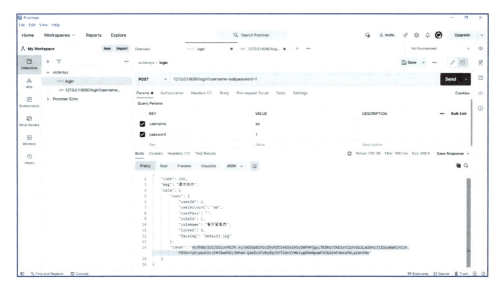

图 2-28　获取 Token 值

返回到登录限制接口/auth 的测试页面，打开 Postman 请求地址栏下方的 Headers 栏，在 Key 栏下面添加 Authorization 项，并在对应的 VALUE 位置填入刚才复制的 Token 字符串。单击 Send 按钮，发现请求返回值内容变成了 200，请求成功，说明实现 Token 认证功能。结果如图 2-29 所示。

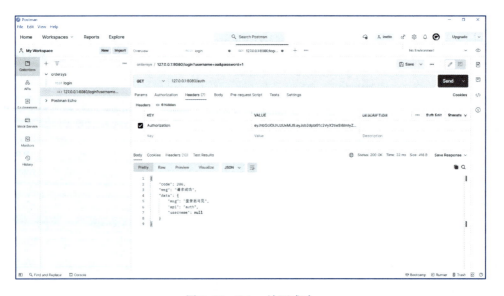

图 2-29　Token 认证成功

知识小结　【对应证书技能】

Spring Security 致力于为 Java 应用程序提供身份验证和授权。在本任务中，通过 Spring Security 实现接口的权限配置，从而实现自定义的登录逻辑控制。与之前的 Web 项目不同的是，在本项目中使用的是基于 JWT 的认证方式，基于 Spring 的过滤器及 JWT 框架，将认证信息保存在 Token 中，在请求时通过过滤器将 Token 转换成对应的认证信息。

通过本任务的学习，应当理解使用 Spring Security 与 JWT 实现 API 的 Token 认证思路，掌握使用过滤器处理请求，以及如何在 Spring Boot 项目中配置数据库连接池。

本任务知识技能点与等级证书的对应关系见表 2-29。

表 2-29　任务 2.3 知识技能点与等级证书技能对应

任务 2.3 知识技能点		对应证书技能			
知识点	技能点	工作领域	工作任务	职业技能要求	等级
1. API 的 Token 认证	1. 集成 Security 框架 2. 集成 MyBatis 框架	3. 高性能系统开发	3.2 Spring Boot 项目开发	2.2.1 了解软件设计模式的概念和分类 2.2.2 掌握简单工厂模式、抽象工厂模式，原型模式，单例模式等常用创建型设计模式创建的动机、定义、结构和实现 2.2.3 了解适配器模式、桥接模式、组合模式、装饰模式、外观模式、代理模式等常用结构型设计模式创建的动机、定义、结构和实现	高级
	3. 集成 JWT 框架	2. 软件后端设计	2.3 服务接口设计	2.3.4 能够完成 JWT 的生成和校验，并完成鉴权设计和安全设计	
	4. 全局异常处理			2.3.3 掌握服务接口的异常处理设计	

任务 2.4　实现用户管理模块

微课 2-4
实现用户管理模块

任务描述

本任务将完成用户管理模块，包含用户的添加、删除、修改、查询功能；管理员通过账号密码生成具有管理员权限的 Token 后，能够根据用户信息中的用户 ID 对用户信息进行新增、删除和修改等操作，并通过接口分页获取用户信息。在本任务中，将学习如何设计 API。

知识准备

1. MyBatis 框架

MyBatis 框架的相关内容详见项目 1。

2. Mybatis 的@Mapper 注解

添加了@Mapper 注解之后，这个接口在编译时会生成相应的实现类。需要注意的是，这个接口中不可以定义同名的方法，因为会生成相同的 ID。也就是说，这个接口是不支持重载的。

3. MyBatis 的@Insert 注解

插入 SQL 语句，和 XML 中<insert>SQL 语法完全一样。每个注解分别代表将会被执行的 SQL 语句，用字符串数组（或单个字符串）作为参数。如果传递的是字符串数组，该数组会被连接成单个完整的字符串，每个字符串之间加入一个空格，从而有效避免用 Java 代码构建 SQL 语句时产生的"丢失空格"问题。当然，也可以提前手动连接好字符串。其中，属性 value 指定用来组成单个 SQL 语句的字符串数组。

4. MyBatis 的@Delete 注解

删除 SQL 语句，和 XML 中<delete>SQL 语法完全一样。

5. MyBatis 的@Update 注解

更新 SQL 语句，和 XML 中<update>SQL 语法完全一样。

6. MyBatis 的@Select 注解

查询 SQL 语句，和 XML 中<select>SQL 语法完全一样。

7. MyBatis 的@Param 注解

如果映射器的方法需要多个参数，这个注解可以被应用于映射器的方法参数以给每个参数一个名字。否则，多个参数将会以它们的顺序位置来被命名（不包括任何 RowBounds 参数），如 #｛param1｝、#｛param2｝等，这是默认的。使用 @Param（"person"），参数应该被命名为 #｛person｝。

8. MyBatis 的 @Options 注解

该注解提供访问交换和配置选项的宽广范围，通常在映射语句上作为属性出现，见表 2-30。Options 注解提供连贯清晰的方式来访问它们，而不是将每条语句注解变复杂。

表 2-30　@Options 注解参数

属 性 名	默 认 值	作　　用
useCache	true	插入数据后是否更新缓存
flushCache	FlushCachePolicy. DEFAULT	下次查询时刷新缓存设置
resultSetType	FORWARD_ONLY	指定结果集类型
statementType	PREPARED	用于选择语句类型
fetchSize	-1	
timeout	-1	查询结果缓存时间
useGeneratedKeys	false	返回自增主键的值
keyProperty	ID	主键对应的实体类属性名
keyColumn	空	主键对应的字段名
resultSets	空	结果集

理解 Java 注解是很重要的，因为没有办法来指定 null 作为值。因此，一旦使用 Options 注解，语句就受所有默认值的支配，注意避免不期望的行为。

任务实施

步骤 1：新建用户 Mapper 接口。

在项目目录 mapper 包中新建 UserInfoMapper 类，结果如图 2-30 所示。

在 UserInfoMapper 类中添加如下代码：

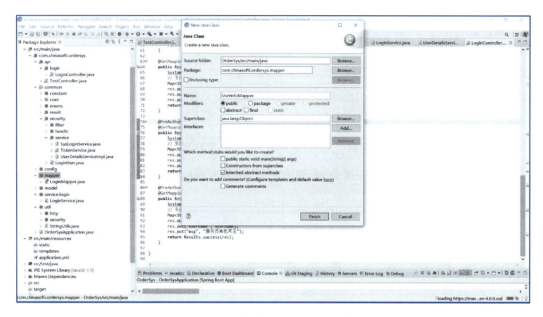

图 2-30 新建 UserInfoMapper 类

```
@Mapper
public interface UserInfoMapper {

    @Select("select userId,userAccount,userPass,locked,roleId,roleName,faceimg from
userinfo,roleinfo where userinfo.role=roleinfo.roleId order by userId")
    public List<UserInfo> getAllUser();


    @Insert("insert into userinfo(userAccount,userPass,role,faceImg) values(#{info.
userAccount},#{info.userPass},#{info.roleId},#{info.faceimg})")
    @Options(useGeneratedKeys = true, keyProperty = "info.userId")
    public Integer addUser(@Param("info") UserInfo user);


    @Select("select userId,userAccount,userPass,locked,roleId,roleName,faceimg fromu-
serinfo,roleinfo where userinfo.role=roleinfo.roleId order by userId limit #{first},#{max}")
    public List<UserInfo> getUserByPage(@Param("first") int first,
                                        @Param("max") int max);

    @Select("select count(*) from userinfo")
    public Long getMaxPage();


    @Delete("delete from userinfo where userId=#{userId}")
```

```
        public void deleteUser(@Param("userId") Integer userId);

        @Update("update userinfo set userPass=#{info.userPass},faceimg=#{info.faceimg}
where userId=#{info.userId}")
        public void modify(@Param("info") UserInfo info);

        @Update("update userinfo set userPass=#{info.userPass},faceimg=#{info.faceimg},
role=#{info.roleId} where userId=#{info.userId}")
        public void adminModify(@Param("info") UserInfo info);

        @Select("select userId,userAccount,userPass,locked,roleId,roleName,faceimg from
userinfo,roleinfo where userinfo.role=roleinfo.roleId and userId=#{userId}")
        public UserInfo getUserById(@Param("userId") Integer userId);

        @Select("select userId,userAccount,userPass,locked,roleId,roleName from userinfo,
roleinfo where userinfo.role=roleinfo.roleId and userinfo.userId=#{info.userId}")
        public List<UserInfo> checkPass(@Param("info") UserInfo info);

        @Select("select userId,userAccount,userPass,locked,roleId,roleName,faceimg from use-
rinfo,roleinfo where userinfo.role=roleinfo.roleId and userinfo.userAccount=#{userAccount}")
        public List<UserInfo> findUsersByName(@Param("userAccount") String userAc-
count);
}
```

步骤 2：新建用户 Service 类。

1）在项目目录 service 包中新建 admin 包，结果如图 2-31 所示。

2）在项目目录 service.admin 包中新建 UserService 类，结果如图 2-32 所示。

3）在 UserService 类中添加如下代码：

```
@Service
public class UserService {
    @Autowired
    UserInfoMapper mapper;
    public UserInfoMapper getMapper() {
```

```
        return mapper;
    }

    public void setMapper( UserInfoMapper mapper) {
        this. mapper = mapper;
    }

}
```

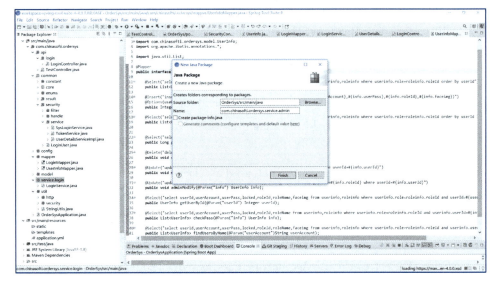

图 2-31　新建 admin 包

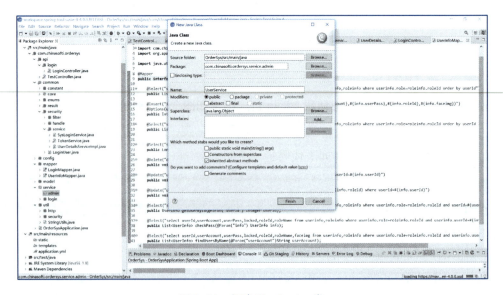

图 2-32　新建 UserService 类

4）在 UserService 类中添加用于增、删、改的方法。

① 添加用户的方法代码如下：

```
/**
 * 添加用户的方法
 * @param info 需要添加的用户信息
 * */
public void addUser( UserInfo info) {
    // 创建加密工具
    info. setUserPass( new BCryptPasswordEncoder( ). encode( info. getUserPass( )));
    // 执行用户信息插入操作
    mapper. addUser( info);
}
```

② 删除用户的方法代码如下：

```
/**
 * 删除用户的方法
 * @param userId 待删除用户的 ID
 * */
public void deleteUser( Integer userId) {
    // 获取带有连接池的数据库模板操作工具对象
    mapper. deleteUser( userId);
}
```

③ 修改用户的方法代码如下：

```
/**
 * 修改用户自身信息的方法
 * @param info   需要修改的用户信息,其中 userId 属性指明需要修改的用户 ID,其
他信息为目标值,本人修改信息只能修改密码和头像
 * */
public void modify( UserInfo info) {
    // 获取带有连接池的数据库模板操作工具对象
    info. setUserPass( new BCryptPasswordEncoder( ). encode( info. getUserPass( )));
    // 修改本人信息
    mapper. modify( info);
```

```java
    }
    /**
     * 管理员修改用户信息的方法
     * @param info 需要修改的用户信息,其中 userId 属性指明需要修改的用户 ID,其他
信息为目标值
     * */
    public void adminModify(UserInfo info) {
        info.setUserPass(new BCryptPasswordEncoder().encode(info.getUserPass()));
        // 修改本人信息
        mapper.adminModify(info);
    }
```

5）在 UserService 类中添加用于查询的方法。

① 分页获取用户数据的方法代码如下:

```java
/**
 * 分页获取用户数据的方法
 * @param page 要获取数据的页号
 * @param pageSize 每页显示的条目数
 * @return 当前页的用户数据列表
 * */
public List<UserInfo> getByPage(int page, int pageSize) {
    // 获取带有连接池的数据库模板操作工具对象
    int first = (page - 1) * pageSize;
    // 返回结果
    return mapper.getUserByPage(first, pageSize);
}
/**
 * 获取用户信息的最大页数
 * @param pageSize 每页显示的条目数
 * @return 当前数据库中数据的最大页数
 * */
public int getMaxPage(int pageSize) {
    // 获取最大页数信息
    Long rows = mapper.getMaxPage();
```

```
    // 返回最大页数
    return (int) ((rows.longValue() - 1) / pageSize + 1);
}
```

② 根据 ID 获取用户详细信息的方法代码如下：

```
/**
 * 根据 ID 获取用户详细信息的方法
 * @param userId 需要获取详细信息的用户 ID
 * @return 返回查询到的用户详细信息
 * */
public UserInfo getUserById(Integer userId) {
    return mapper.getUserById(userId);
}
public List<UserInfo> findUserByName(String userAccount) {
    return mapper.findUsersByName(userAccount);
}
```

6）在 UserService 类中添加用于检查用户名是否可用的方法，代码如下：

```
/**
 * 验证用户名、密码是否正确的方法
 * @param info 用于判定用户名、密码的用户对象
 * @return 用户名、密码是否验证通过，true 表示用户名、密码正确、false 表示用户名
或密码错误
 * */
public boolean checkPass(UserInfo info) {
    // 根据给定的用户名查询用户信息
    List<UserInfo> userList = mapper.checkPass(info);
    // 判定查询结果集合
    switch (userList.size()) {
        // 如果没有查询到任何数据
        case 0:
            // 返回验证失败
            return false;
        // 如果查询到一条记录,则判定密码是否一致
```

```
        case 1：
            // 构建加密对象
            BCryptPasswordEncoder encoder = new BCryptPasswordEncoder( );
            // 判定用户给定的密码和数据库中的密码是否一致
            if (encoder. matches(info. getUserPass( ), userList. get(0). getUserPass( ))) {
                // 如果一致,则返回 true
                return true;
                // 如果不一致
            } else {
                // 返回用户名、密码不匹配
                return false;
            }
        }
        // 其他情况下返回验证失败
        return false;
}
```

步骤3：新建用户 Controller 类。

1）在项目目录 api 包中新建 admin 包，结果如图 2-33 所示。

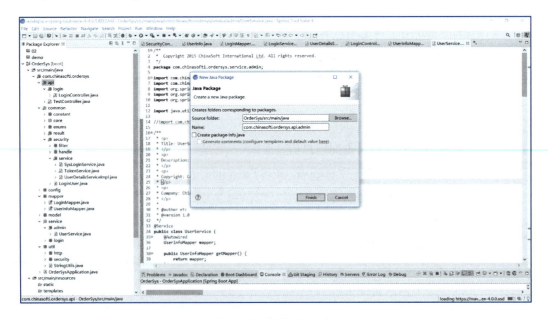

图 2-33   新建 admin 包

2）在项目目录 api. admin 包中新建 AdminUserController 类，结果如图 2-34 所示。

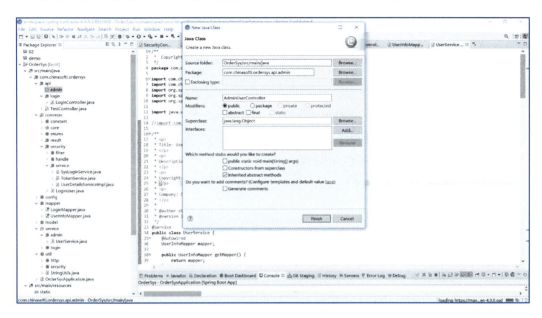

图 2-34 新建 AdminUserController 类

3）在 AdminUserController 类中添加如下代码：

```
@PreAuthorize("hasRole('1')")
@RestController
@RequestMapping("/admin/user")
public class AdminUserController {
    @Autowired
    UserService service;
    public UserService getService() {
        return service;
    }
    public void setService(UserService service) {
        this.service = service;
    }
    @RequestMapping("/adminmodifyuser")
    public Results adminModify(UserInfo info) {
        if(info.getUserPass().isEmpty()) {
            info.setUserPass("1");
```

```java
        }
        // 执行修改操作
        service. adminModify( info) ;
        return Results. success( info) ;
    }

    @RequestMapping( "/deleteuser" )
    public Results deleteUser( Integer userId) {
        service. deleteUser( userId) ;
        return Results. ok( ) ;
    }

    @GetMapping( "/get" )
    public Results<UserInfo> getUser( Integer userId) {
        UserInfo user = service. getUserById( userId) ;
        user. setUserPass( "" ) ;
        return Results. success( user) ;
    }

    @RequestMapping( "/getuserbypage" )
    public PageResults getUserByPage( int page) {
        // 获取最大页码
        int maxPage = service. getMaxPage( 10) ;
        // 对当前的页码进行纠错,如果小于 1,则直接显示第一页的内容
        page = page < 1 ? 1 : page;
        // 对当前的页码进行纠错,如果大于最大页码,则直接显示最后一页的内容
        page = page > maxPage ? maxPage : page;
        // 进行分页数据查询
        List<UserInfo> list = service. getByPage( page, 10) ;
        // 过滤密码信息
        list = list. stream( ). map( item->{ item. setUserPass( "" ) ; return item; }).collect
( Collectors. toList( ) ) ;
        // 尝试将结果结构化
        return PageResults. success( list, page, maxPage) ;
    }

    @RequestMapping( "/modifyuser" )
```

```
public Results modifyMyInfo(UserInfo info) {
    service. modify(info);
    // 修改信息后需要自动注销
    return Results. success(info);


}
@RequestMapping("/adduser")
public Results addUser(UserInfo info) {
    // 添加用户
    service. addUser(info);
    // 跳转到用户管理页面
    return Results. success(info);


}
@RequestMapping("/checkuser")
// 获取请求参数中的用户名信息
public Results checkAddUser(@RequestParam("name") String userAccount) {
    // 查询对应用户名的用户信息
    List<UserInfo> list = service. findUserByName(userAccount);
    // 如果数据库中无数据
    if (list. size() == 0) {
        // 输出可以添加标识
        return Results. ok();
        // 如果数据库中有数据
    } else {
        // 输出不能添加标识
        return Results. failure();
    }
  }
}
```

知识小结 【对应证书技能】

MyBatis 是优秀的持久层框架，它允许开发人员通过 XML 文件配置 SQL 语句的动态拼接，从而实现复杂的查询功能；而在一些业务逻辑相对直接的查询中，可以直接通过注解实现查询功能，从而减少维护 XML 文件的工作。MyBatis 提供了@Insert、@Delete、@Update、@Select 等常用的注解，分别对应增、删、改、查功能。

本任务通过实现用户管理接口，学习 Restful API 的作用和规范，掌握 Restful API 实现的能力，核心功能包括：用户新增、用户删除、用户更新、用户查询。通过用户管理功能的实现，学习 MyBatis 框架的运行原理，掌握 MyBatis 框架常用注解，如@Select、@Insert、@Options、@Update、@Delete 的使用。

本任务知识技能点与等级证书的对应关系见表 2-31。

表 2-31　任务 2.4 知识技能点与等级证书技能对应

任务 2.4 知识技能点		对应证书技能			
知识点	技能点	工作领域	工作任务	职业技能要求	等级
1. 用户管理模块 HTTP API	1. 用户管理接口设计和实现	2. 软件后端设计	2.3 服务接口设计	2.3.2 掌握 Restful API 的作用与规范	高级
	2. 用户管理业务实现 3. 基于注解的 MyBatis 使用	3. 高性能系统开发	3.2 Spring Boot 项目开发	3.2.2 熟练掌握 Spring Boot 项目中 MyBatis 的使用	

拓展练习

参照本任务的步骤介绍，完成菜品管理、订单流程的接口功能。

任务 2.5　编制接口测试计划

任务描述

本任务是根据项目需求文档和接口设计文档，为后续的接口测试任务制订接口测试计划；通过计划的编写，掌握接口测试的方法和流程，了解接口测试所使用的工具。

微课 2-5
编制接口测试计划

知识准备

1. 接口测试

接口测试即测试系统组件间的接口，主要用于检测外部系统与系统之间以及内部各个子系统之间的交互点，测试的重点是要检查数据的交换、传递和控制管理过程，以及系统间的相互逻辑依赖关系等。

2. 接口测试计划

接口测试计划是指导接口测试的核心文档，主要包含以下几方面内容：

1）项目背景。

2）测试使用的资源。

3）测试策略，如接口测试流程、测试依据。

4）测试的测试范围和通过标准。

5）测试使用的方法，如里程碑技术、测试用例等。

任务实施

步骤 1：编写测试计划简介。

---

1. 简介

1.1　项目背景

本项目是应用于餐厅的点餐系统，共实现 3 种角色及其他功能，分别是餐厅服务员的点餐、提交结账功能；后厨人员的配菜功能；管理员的结账、用户管理等功能。本项目的目标是实现餐厅管理的信息化，同时有效提升了点餐、配菜、结账等工作的效率。

1.2　测试目的

本文档主要阐述"供货商系统"测试过程中的一些细节，为"供货商系统"的测试工作提供框架和规范。

1）确定项目测试的策略、范围和方法。

2）使项目测试工作的所有参与人员（客户方参与人员、测试管理者、测试人员）对本项目测试的目标、范围、策略、方法、组织、资源等有一个清晰的认识。

3）使项目测试工作的所有参与人员理解测试控制过程。

4）从策略角度说明本项目测试的组织和管理，指导测试进展，并作为项目测试工作实施的依据。

预期的读者主要有两类受众：测试管理人员（项目经理、客户指派人员）和测试人员。

1）项目经理根据该测试大纲制订进一步的计划、安排（工作任务分配、时间进度安排）并控制测试过程。

2）客户指派人员通过该测试大纲了解测试过程和相关信息。

3）测试人员根据该测试大纲中制定的范围、方法确定测试需求、设计测试用例、执行和记录测试过程并记录和报告缺陷。

1.3 参考文档

此次计划涉及的参考资料见表 2-32。

表 2-32 参考文档表

名　　称	备　　注
《计算机软件测试规范》（GB/T 15532—2008 ）	
《计算机软件测试文档编制规范》（GB/T 9386—2008 ）	

步骤 2：编写测试资源。

2. 测试资源

2.1 测试环境

测试环境见表 2-33。

表 2-33 测 试 环 境

分　　类	软　　件
操作系统	Windows 10
数据库管理系统	MySQL 8.0
开发语言与运行平台	Java
应用服务器	Tomcat

2.2 测试工具

测试工具见表 2-34。

表 2-34 测 试 工 具

分　　类	软　　件
接口测试	Postman 工具

步骤 3：编写测试策略。

3. 测试策略

3.1　整体策略

3.1.1　项目特点

1）部分参与测试的人员是第一次接触餐厅点餐系统。

2）项目核心功能简单，设计逻辑清晰。

3）测试时间比较紧张。

3.1.2　测试过程策略

根据以上特点，制定本项目的测试过程策略如下：

1）尽量做到在有限的时间里发现尽可能多的缺陷（尤其是严重缺陷）。

2）测试过程要受控。根据事先定义的测试执行顺序进行测试，并填写测试记录表，保证测试过程是受控的。

3）确定重点。测试重点放在各子系统的功能实现上。

3.1.3　依据标准

本次测试中测试文档的编写、测试用例的编写、具体的执行测试以及测试中各项资源的分配和估算，都是以项目经理提供的各子系统的需求文档、设计文档为依据，软件的执行以系统逻辑设计构架为依据。

3.1.4　测试过程

本次测试过程如图 2-35 所示。

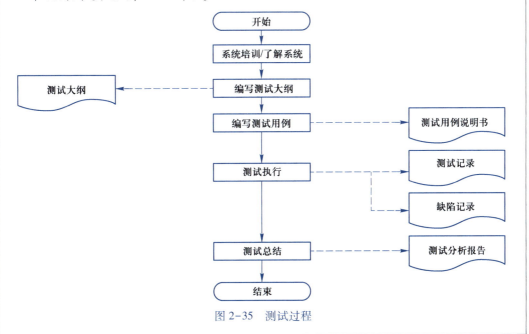

图 2-35　测试过程

3.2　测试范围

制定此次项目测试范围的依据如下：

1）各子系统所包含的功能。

2）与项目负责人特别确定的测试范围。

需要测试的子系统见表 2-35。

表 2-35　测试子系统

测 试 内 容	测 试 范 围
功能测试	登录
功能测试	用户管理
功能测试	菜品管理

3.3　测试通过标准

1）计划的测试用例已全部执行。

2）经确定的所有缺陷都已得到商定的解决结果，并没有发现新的缺陷。

3.4　测试类型

功能测试类型描述见表 2-36。

表 2-36　功能测试类型描述

测试目标	验证软件提供的功能是否都可以实现
测试方法和技术	检验在输入正确数据时结果能否与设计期望相符合； 检验在输入错误数据时软件能否报警并正常运行
完成标准	所有功能都经过测试且达到目标

安全测试类型描述见表 2-37。

表 2-37　安全测试类型描述

测试目标	确保软件用户都在权限以内进行操作
测试方法和技术	采用黑盒测试法，通过登录不同权限用户模式进行软件操作，从而确保安全性
完成标准	各权限用户只能在权限规定范围内进行操作

3.5　风险分析

1）测试人员对系统熟悉程度的风险：参与本项目的测试人员在经过短期的系统培训后，仍然有可能没有完全掌握系统的业务细节，这将导致后面的测试设计和测试执行工作产生一些测试逃逸现象（即一些要测试的方面没有覆盖到）。

2）测试工具使用的风险：目前测试人员对性能测试的一些工具使用经验不足，需要花费一定的时间研究。

步骤 4：编写测试方法。

4. 测试方法

4.1　里程碑技术

本项目将整个测试过程分为几个里程碑（见表 2-38），达到一个里程碑后才能转换到下一阶段，以控制整个过程。

表 2-38　里程碑列表

里　程　碑	完　成　标　准
系统培训	1. 完成本项目所有需要测试的系统的培训 2. 测试人员已经对所有被测系统/模块进行了使用，了解了被测系统的具体功能
测试设计	1. 测试用例已覆盖所有测试需求 2. 测试用例设计已经完成
测试执行	1. 所有测试用例被执行 2. 发现的缺陷都有缺陷记录 3. 测试过程有测试记录
结果分析	完成测试分析报告

4.2　测试用例设计

本次测试的测试案例，是在经过系统培训后，由测试人员根据客户对系统的介绍和自身对系统的理解，按照系统层次结构组织编写。

1）本系统案例的编写采用黑盒测试常用的分析方法设计用例。

2）对于每一个测试用例，测试设计人员应为其指定输入（或操作）、预期输出（或结果）。

3）每一个测试用例，都必须有详细的测试步骤描述。

4）本次测试设计的所有测试用例均需要以规范的文档方式保存。

5）在整个测试过程中，可根据项目实际情况对测试用例进行适当变更。

6）在客户的指导和协助下进行测试用例中测试数据的准备。

7）按照系统的运行结构安排用例的执行。

4.3 测试实施过程

本项目由 3 位测试人员分别负责不同的子系统的测试，实施过程如下：

1）准备测试所需环境。

2）准备测试所需数据。

3）按照系统运行结构执行相应测试用例。

4）记录测试过程及发现的缺陷。

5）报告缺陷。

4.4 测试方法综述

本项目测试包括：

1）功能测试，即测试各功能是否有缺陷。

2）测试人员执行测试时，要严格按照测试用例中的内容来执行测试工作。

3）测试人员要将测试执行过程记录到测试执行记录文档中。

4）测试人员要将测试中发现的问题记录到缺陷记录中。

知识小结 【对应证书技能】

本任务主要通过编写接口测试计划，了解接口测试的基本流程，掌握接口测试的技能，提升接口测试计划编写的能力。编写测试计划核心内容如下：

1）描述系统的背景概述和测试目的。

2）测试所使用的环境和资源。

3）测试的策略、范围和风险。

4）测试所使用的方法，如里程碑技术、测试用例设计等。

本任务知识技能点与等级证书的对应关系见表 2-39。

表 2-39 任务 2.5 知识技能点与等级证书技能对应

任务 2.5 知识技能点		对应证书技能			
知识点	技能点	工作领域	工作任务	职业技能要求	等级
1. 接口测试	1. 编制接口测试计划	4. 系统测试与部署	4.3 接口自动化测试	4.3.1 了解基本接口自动化测试基本工作原理，HTTP 的不同请求方式（如 GET、POST、HEAD、PUT、DELETE）和不同常见状态码	中级

任务 2.6　完成接口测试并编写报告

任务描述

本任务是完成项目接口的功能测试，主要是编写测试用例、执行测试并将测试结果记录到测试报告中。

知识准备

1. 等价类划分法

定义：等价类划分法是把所有可能输入的数据，即程序的输入域划分为若干部分（子集），然后从每个子集中选取少数具有代表性的数据作为测试用例。该方法是一种重要的、常用的黑盒测试用例设计方法。

等价类是指某个输入域的子集合。在该子集合中，各个输入数据对于揭露程序中的错误都是等效的，并合理地假定测试某等价类的代表值就等于对这一类其他值的测试。因此，可以把全部输入数据合理划分为若干等价类，在每个等价类中取一个数据作为测试的输入条件就可以用少量代表性的测试数据取得较好的测试结果。等价类划分有两种不同的情况：有效等价类和无效等价类。

1）有效等价类：指对于程序的规格说明来说是合理的、有意义的输入数据构成的集合。利用有效等价类可检验程序是否实现了规格说明所规定的功能和性能。

2）无效等价类：指对程序的规格说明是不合理的或无意义的输入数据所构成的集合。对于具体的问题，无效等价类至少应有一个，也可能有多个。

2. Postman

Postman 是一款成熟的接口测试插件，使用简单且功能完善；支持用例管理，支持 GET、POST 以及其他常用的 HTTP 请求方法，同时也支持文件上传、响应验证、变量管理、环境参数管理等功能，允许批量运行请求，并支持用例导出、导入。

任务实施

步骤 1：编写系统接口概述。

1. 系统接口概述

1.1 项目概述

本项目是应用于餐厅的点餐系统，共实现 3 种角色及其他功能，分别是餐厅服务员的点餐、提交结账功能；后厨人员的配菜功能；管理员的结账、用户管理等功能。本项目的目标是实现餐厅管理的信息化，同时有效提升了点餐、配菜、结账等工作的效率。

1.2 系统接口

系统接口见表 2-40。

表 2-40 系统接口

接口名称	请求接口	请求方法	返回格式
用户登录	/login	GET	JSON
用户新增	/adduser	POST	JSON
用户删除	/deleteuser	POST	JSON
用户修改	/modifyuser	POST	JSON
用户查询	/get	GET	JSON
用户列表查询	/getuserbypage	GET	JSON
用户名检查	/checkuser	POST	JSON
菜品新增	/adddishes	POST	JSON
菜品删除	/deletedishes	POST	JSON
菜品修改	/modifydishes	POST	JSON
菜品查询	/get	GET	JSON
菜品列表查询	/getdishesbypage	GET	JSON

步骤 2：编写测试目的、范围、工具。

2. 测试目的和范围

2.1 测试目的

本测试报告为点餐系统项目的测试报告，目的在于总结测试阶段的测试并分析测试结果，描述系统是否符合需求。预期参与人员包括用户、测试人员、开发人员、项目管理者和其他质量管理人员。

本次测试的目的在于确保系统接口功能和逻辑处理已验证，符合《接口定义说明书》的定义和要求，满足系统需要。

2.2 测试用例设计

1）登录功能测试用例见表 2-41。

表 2-41 登录功能测试用例

用例 ID	描 述	操 作 步 骤	预期结果
API001	用户正常登录	参数输入 username 为 aa，password 为 1	用户正常登录
API002	数据库中存在的用户名，不存在的密码	参数输入 username 为 aa，password 为 111	登录失败
API003	请求方法错误	参数输入 username 为 aa，password 为 1，请求方法为 GET	登录失败
API004	缺少参数	参数 username 或者 password 不填	登录失败

2）用户管理功能测试用例见表 2-42。

表 2-42 用户管理功能测试用例

用例 ID	描 述	操 作 步 骤	预期结果
API005	测试查询是否能够查询出相应的值	单独遍历各查询条件	查询出符合条件的记录
API006	测试查询结果为空	在查询条件中输入数据库中不存在的数据	接口返回空列表
API007	填写所有项	填写所有的域	1. 消息提示添加记录成功 2. 数据库增加当前所加的新记录
API008	测试是否能正常修改操作	选择一条记录，修改页面上除主键（编号、ID）之外的字段并保存	保存成功
API009	测试主键查询	在查询条件中输入主键	接口返回一条数据
API0010	测试能否正常进行删除操作	将主键作为条件请求删除接口	接口返回删除成功

2.3　测试指标范围

1）被测接口接收请求和返回报文。

2）被测接口返回状态。

3）被测接口对应业务逻辑处理。

3. 测试工具

该测试将使用接口测试工具 Postman。

步骤 3：编写测试记录和结论。

4. 测试记录及结果分析

1）登录功能用例执行结果见表 2-43。

表 2-43 登录功能用例执行结果

用例编号	描述	请求参数	状态码	预 期 结 果	实 际 结 果	测试结果
API001	用户正常登录	{"username":"aa","password":"1"}	200	{"code":200,"msg":"请求成功","data":{"user":…,"token":"…"}}	{"code":200,"msg":"请求成功","data":{"user":…,"token":"…"}}	通过
API002	数据库中存在的用户名，不存在的密码	{"username":"aa","password":"111"}	500	{"status":500,"error":"Internal Server Error"}	{"timestamp":1620688322277,"status":500,"error":"Internal Server Error"}	通过
API003	请求方法错误	无	405	{"status":405,"error":"Method Not Allowed"}	{"timestamp":1620688922994,"status":405,"error":"Method Not Allowed","message":"","path":"/login"}	通过
API004	缺少参数	无	500	{"status":500,"error":"Internal Server Error"}	{"timestamp":1620687737186,"status":500,"error":"Internal Server Error","message":"","path":"/login"}	通过

2）用户管理用例执行结果见表 2-44。

表 2-44 用户管理功能用例执行结果

用例编号	描述	请求参数	状态码	预 期 结 果	实 际 结 果	测试结果
API005	测试查询是否能够查询出相应的值	{"page":"1"}	0	{"count": 7, "code": 0, "msg":"请求成功", "datas":[users…], "page":page, "maxPage": 1 }	{"count": 7, "code": 0, "msg":"请求成功", "datas":[users…], "page": 1, "maxPage": 1 }	通过
API006	测试查询结果为空	无	500	{"status": 500, "error":"Internal Server Error" }	{"timestamp": 1620688322277, "status": 500, "error":"Internal Server Error" }	通过
API007	填写所有项	所有必填项	0	{"code": 0, "data":{user}, "msg":"OK" }	{"code": 0, "data":{user}, "msg":"请求成功" }	通过
API008	测试是否能正常修改操作	所有必填项	0	{"code": 0, "data":{user}, "msg":"OK" }	{"code": 0, "data":{user}, "msg":"请求成功"}	通过
API009	测试主键查询	{"userId":"主键"}	0	{"code": 0, "data":{user}, "msg":"OK" }	{"code": 0, "data":{user}, "msg":"请求成功"}	通过
API0010	测试能否正常进行删除操作	{"userId":"主键"}	0	{"code": 0, "data":{user}, "msg":"OK" }	{"code": 0, "data":{user}, "msg":"请求成功"}	通过

5. 测试结论

根据本次接口测试的测试情况，在测试充分执行的前提下，测试目标顺利完成，实际测试结果与预期相符，可认为测试通过，进入下一阶段项目目标。

知识小结 【对应证书技能】

测试用例是黑盒测试的重要方法。在本任务中，通过测试用例来完成对接口功能的测试任务，并通过 Postman 测试工具完成接口测试工作，将测试结果记录下来，形成接口测试记录；最后，根据记录和接口测试计划形成接口测试报告。

在本任务中，通过接口测试报告的编写，理解接口测试的整体流程和设计思想，掌握使用测试用例完成接口测试设计的方法，以及使用 Postman 进行接口测试的操作方法。

本任务知识技能点与等级证书的对应关系见表 2-45。

表 2-45　任务 2.6 知识技能点与等级证书技能对应

任务 2.6 知识技能点		对应证书技能			
知识点	技能点	工作领域	工作任务	职业技能要求	等级
1. 接口测试	1. 完成接口测试	4. 系统测试与部署	4.3 接口自动化测试	4.3.6 了解同异步接口和接口鉴权机制、掌握通过 Cookie、Session 和 Token 作为鉴权方法进行接口测试	中级

项目总结

本项目主要分为 3 个部分：基于 Token 的登录认证实现、Restful API 设计和开发及接口测试。第一部分是任务 2.2 和任务 2.3，实现了基于 Spring Boot 项目 Security 框架的 Token 认证功能；第二部分是任务 2.4，实现的是 Restful API 设计和开发；第三部分是任务 2.5 和任务 2.6，实现了接口的测试工作。

1）基于 Token 的登录认证实现：任务 2.2 通过 STS 搭建基本的 Spring Boot 项目，并通过配置 Maven 依赖引入常用的项目基础框架，学习使用 Spring Boot 框架构建后端项目，以及用项目管理工具 Maven 对 Java 项目进行构建、依赖管理的方法；任务 2.3 则是学习使用 Spring Security 框架和 JWT 实现接口的权限控制的方法。

2）Restful API 设计和开发：任务 2.4 完成了使用 MyBatis 框架实现用户管理接口和菜品管理接口的工作；学习接口设计方法，并提升 Restful API 的编码能力。

3）接口测试：任务 2.5 完成了接口测试文档的编写工作，通过测试文档的编写，学习接口测试的标准流程。任务 2.6 完成了接口测试报告的编写工作，通过编写接口测试报告，掌握接口测试的方法。

通过本项目的学习，可实现基于 Spring Boot 项目的开发、认证功能，提升项目工程的实践能力。

课后练习

一、选择题

1. 下列可以设置允许接口匿名访问的是（　　　）。

A. anonymous

B. denyAll

C. hasAnyRole

D. authenticated

2. 下列注解中可以用来定义一个 MyBatis 的 Mapper 组件的是（　　　）。

A. @Mapper

B. @Controller

C. @Repository

D. @Component

3. 下列不属于 Spring Boot 读取配置方式的是（　　　）。

A. @ConfigurationProperties 注解读取方式

B. @Value 注解读取方式

C. @Configuration

D. 读取 application 文件

二、填空题

1. @Insert 注解是 MyBatis 中负责实现数据插入的注解，使用时可以使用_____注解为 SQL 语句传递参数。若想在插入数据成功后获取自增的主键，可用_____注解。

2. 在 Spring Boot 中可以通过_____或_____将接口的返回值转换成 JSON 字符串。

3. 在 MyBatis 语句中，$||可以实现字符串替换的功能，而_____则实现了预编译处理的功能。

三、简答题

1. 简述 Spring Boot 和 Spring 的区别。

2. 简述接口文档和接口测试文档的区别。

3. 简述什么是 Restful API。

项目 3   企业应用架构设计

学习目标

　　本项目主要学习企业应用架构设计、开发与部署，了解企业应用架构的设计思路，掌握使用 Redis 缓存用户登录信息、使用 RocketMQ 分布式消息系统完成高并发秒杀功能以及实现系统日志消息采集；了解系统容器化的部署方式，掌握使用 Docker 镜像制作与部署各个服务，解决系统快速部署的问题。

PPT：项目 3
企业应用架构
设计

项目介绍

　　本项目将项目 2 的餐厅点餐系统使用企业应用架构的设计思路进行改造升级，基于企业应用架构实践，结合常用的技术框架实现秒杀活动热插拔模块、数据缓存、系统日志消息及系统的容器化部署。

知识结构

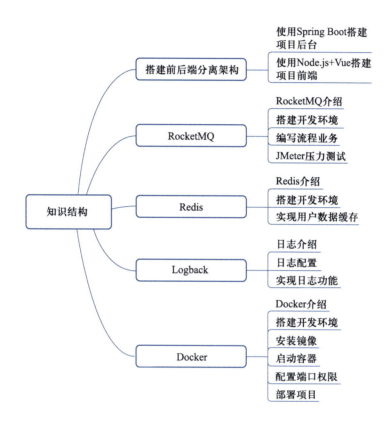

微课 3-1
搭建前后端
分离架构

任务 3.1 搭建前后端分离架构

任务描述

前后端分离已成为 Web 项目开发的业界标准使用方式，本任务将搭建前后端分离系统。

知识准备

1. 前后端分离

前后端分离是指通过 Nginx+Tomcat 方式（也可以在中间加一个 Node.js）对前端与后

端代码进行有效解耦，并且前后端分离会为以后的大型分布式架构、弹性计算架构、微服务架构、多端化服务（多种客户端，如浏览器、车载终端、安卓、iOS 等）打下坚实的基础。前后端分离的核心思想是前端 HTML 页面通过 AJAX 调用后端的 Restful API 并使用 JSON 数据进行交互。

2. Web 服务器

Web 服务器一般指像 Nginx、Apache 这类服务器，一般只能解析静态资源。

3. 应用服务器

应用服务器一般指像 Tomcat、Jetty、Resin 这类服务器，可以解析动态资源也可以解析静态资源，但解析静态资源的能力没有 Web 服务器好。

4. Node. js

Node. js 是一个基于 Chrome V8 引擎的 JavaScript 运行环境，使用了一个事件驱动、非阻塞式 I/O 的模型，使其轻量又高效。Node. js 的包管理器是全球最大的开源库生态系统。

5. NPM

NPM 是随同 Node. js 一起安装的包管理工具，能解决 Node. js 代码部署上的很多问题，常见的使用场景有以下几种：

1）允许用户从 NPM 服务器下载别人编写的第三方包到本地使用。

2）允许用户将自己编写的包或命令行程序上传到 NPM 服务器供别人使用。

任务实施

步骤 1：创建项目后台。

1）使用 Spring Starter Project 创建项目。选择 File→New→Project 命令，在弹出的 New Project 对话框中选择 Spring Boot/Spring Starter Project，单击 Next 按钮，结果如图 3-1 所示。

2）在 New Spring Starter Project 对话框中，设置 Name 为 ordersys_bravo，Group 为 com. chinasofti，Java Version 为 8，Package 为 com. chinasofti. ordersys，单击 Next 按钮，结果如图 3-2 所示。

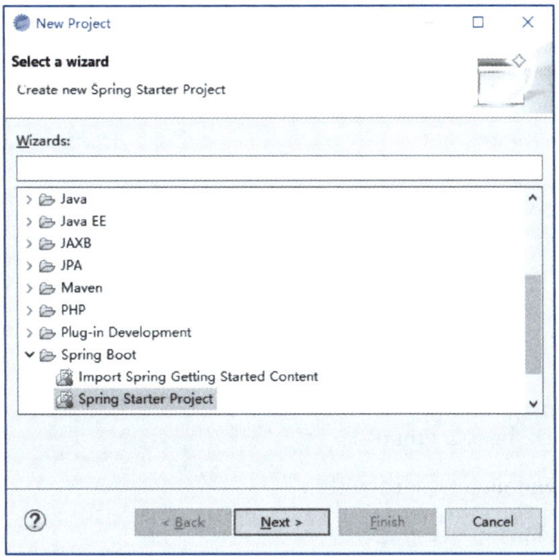

图 3-1　创建项目

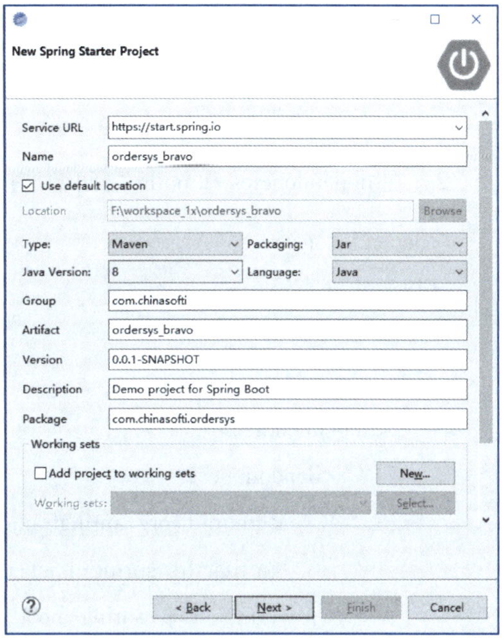

图 3-2　设置项目属性

3）在 New Spring Starter Project Dependencies 对话框中，选中 Spring Boot DevTools、MyBatis Framework、MySQL Driver、Spring Security 和 Spring Web 复选框，再单击 Finish 按钮，结果如图 3-3 所示。

步骤 2：修改项目依赖。

1）打开 pom. xml 文件，在 dependencies 中增加 commons-lang3 和 jsonwebtoken 依赖，代码如下：

图 3-3　完成项目创建

```xml
<!-- commons-lang3 工具类-->
<dependency>
    <groupId>org. apache. commons</groupId>
    <artifactId>commons-lang3</artifactId>
</dependency>
<!--Token 生成与解析-->
<dependency>
    <groupId>io. jsonwebtoken</groupId>
```

```
        <artifactId>jjwt</artifactId>
        <version>0.9.0</version>
    </dependency>
```

2）在 dependencies 和 build 之间增加依赖管理配置，代码如下：

```
<dependencies>
<!-- 此处省略 -->
</dependencies>
<dependencyManagement>
    <dependencies>
        <dependency>
            <groupId>org.springframework.boot</groupId>
            <artifactId>spring-boot-dependencies</artifactId>
            <version>${spring-boot.version}</version>
            <type>pom</type>
            <scope>import</scope>
        </dependency>
    </dependencies>
</dependencyManagement>
<build>
<!-- 此处省略 -->
</build>
```

3）修改 build 构建配置，代码如下：

```
<build>
    <plugins>
        <plugin>
            <groupId>org.apache.maven.plugins</groupId>
            <artifactId>maven-compiler-plugin</artifactId>
            <configuration>
                <source>1.8</source>
                <target>1.8</target>
                <encoding>UTF-8</encoding>
            </configuration>
```

```
            </plugin>
            <plugin>
                <groupId>org. springframework. boot</groupId>
                <artifactId>spring-boot-maven-plugin</artifactId>
                <configuration>
<mainClass>com. chinasofti. ordersys. OrdersysBravoApplication</mainClass>
                </configuration>
                <executions>
                    <execution>
                        <id>repackage</id>
                        <goals>
                            <goal>repackage</goal>
                        </goals>
                    </execution>
                </executions>
            </plugin>
        </plugins>
    </build>
```

步骤 3：进行项目配置。

1）双击打开 ordersys_bravo/src/main/resources/application. yml 配置文件，注意文件扩展名为 yml，增加端口、日志、热编译、数据源、MyBatis 和 Token 令牌设置。完整配置如下：

```
server：
  port：8080
# 指定打印日志配置
logging：
  level：
    # 定义项目 mapper 包下的日志打印级别为 debug
    com. chinasofti. ordersys. mapper：DEBUG
spring：
  profiles：
    active：dev
```

```yaml
    # 热编译
    devtools:
        restart:
            #需要实时更新的目录
            additional-paths: resources/**,static/**,templates/**
    #数据源
    datasource:
        driver-class-name: com.mysql.cj.jdbc.Driver
        url: jdbc:mysql://localhost:3306/ordersys-v3?useUnicode=true&characterEncoding=utf-8&allowMultiQueries=true&useSSL=false&serverTimezone=UTC
        username: root
        password: root
        platform: mysql
mybatis:
    # 指定实体类存放的包路径
    type-aliases-package: com.chinasofti.ordersys.model
    # 指定 mapper.xml 文件的位置为 /mybatis-mappers/ 下的所有 xml 文件
    mapper-locations: classpath:/mybatis-mappers/*
    # 转换到驼峰命名
    configuration:
        mapUnderscoreToCamelCase: true
# Token 配置
token:
    # 令牌自定义标识
    header: Authorization
    # 令牌密钥
    #   secret: abcdefghijklmnopqrstuvwxyz
    secret: (OREDERSYS:)_$^11244^%$_(IS:)_@@++--(BAD:)_++++_.sds_(GUY:)
    # 令牌有效期(默认为 30 分钟)
    expireTime: 60
```

2）在 MySQL 8 中创建数据库 ordersys-v3，设置数据库编码为 UTF-8 并导入提供的 ordersys.sql 文件。命令如下：

CREATE SCHEMA 'ordersys-v3' DEFAULT CHARACTER SET utf8 ;

步骤 4：导入通用代码。

导入 Java 项目通用代码，根据提供的项目资源代码复制到当前项目，结果如图 3-4
所示。

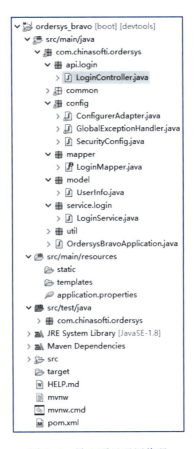

图 3-4　导入项目通用代码

通用代码的功能见表 3-1。

表 3-1　通用代码的功能

类　名	功　能
（1）com. chinasofti. ordersys. common. constant 包中的常量信息及状态码基类	
Constants. java	通用常量信息
HttpStatus. java	返回状态码
UserConstants. java	用户常量信息

类　名	功　能
（2） com. chinasofti. ordersys. common. core. lang 包中的唯一识别码基类	
UUID. java	提供通用唯一识别码
（3） com. chinasofti. ordersys. common. core. text 包中的字符及格式转换基类	
CharsetKit. java	字符集工具类
Convert. java	类型转换器
StrFormatter. java	字符串格式化
（4） com. chinasofti. ordersys. common. enums 包中的用户状态基类	
UserStatus. java	用户状态
（5） com. chinasofti. ordersys. common. result 包中的响应信息基类	
PageResults. java	分页结果集对象
ResponseCode. java	响应状态码消息枚举
Results. java	响应结果封装对象
（6） com. chinasofti. ordersys. common. security. filter 包中的权限过滤器基类	
JwtAuthenticationTokenFilter. java	Token 过滤器，用于验证 Token 有效性
（7） com. chinasofti. ordersys. common. security. handle 包中的授权认证失败基类	
AuthenticationEntryPointImpl. java	认证失败处理类，用于返回未授权
（8） com. chinasofti. ordersys. common. security. service 包中的权限服务基类	
SysLoginService. java	登录校验服务类
TokenService. java	Token 验证处理服务类
UserDetailsServiceImpl. java	用户验证处理服务类
（9） com. chinasofti. ordersys. common. security 包中的权限 model 基类	
LoginUser. java	登录用户身份权限的 model
（10） com. chinasofti. ordersys. config 包中的项目全局配置类	
ConfigurerAdapter. java	Spring Web MVC 配置类
GlobalExceptionHandler. java	全局异常控制类，用于拦截所有运行时的全局异常
SecurityConfig. java	Spring Security 配置类
（11） com. chinasofti. ordersys. util. http 包中的 HTTP 工具类	
ServletUtils. java	Servlet 客户端工具类
（12） com. chinasofti. ordersys. util. security 包中的权限工具类	
IdUtils. java	ID 生成器工具类

续表

类　　名	功　　能
SecurityUtils. java	安全服务工具类
UserHandleUtils	用户控制工具类
（13）com. chinasofti. ordersys. util 包中的字符串处理工具类	
MyStringUtils. java	字符串工具类
（14）com. chinasofti. ordersys. model 包中的用户信息模型类	
UserInfo. java	用户信息模型类
（15）com. chinasofti. ordersys. api. login 包中的用户登录接口类	
LoginController. java	用户登录接口类
（16）com. chinasofti. ordersys. service. login 包中的用户登录服务类	
LoginService. java	用户登录服务类
（17）com. chinasofti. ordersys. mapper 包中的用户登录映射类	
LoginMapper. java	用户登录映射类

步骤 5：项目前端介绍。

1）本项目提供基于 Vue. js 和 Webpack 构建的前端工程化项目 order-sys-front，开发前的准备工作如下：

- 安装 Node. js 和 VSCode 开发环境及工具。
- 熟悉 NPM 命令。
- 熟悉 Vue. js 框架及工具链。

2）安装项目依赖。使用 VSCode 工具打开项目 order-sys-front，选择工具栏中的"终端"→"新终端"命令，在项目路径下输入命令"npm install"，安装项目依赖，结果如图 3-5 所示。

3）启动项目。安装项目依赖成功后，输入命令"npm run dev"，在 localhost:8181 下运行项目，启动热加载开发模式，结果如图 3-6 所示。

4）访问项目。启动项目后，打开浏览器并访问输入地址"localhost:8181"，结果如图 3-7 所示。

5）停止项目。在终端页面按 Ctrl+C 组合键，出现提示后输入"y"并按 Enter 键停止项目，结果如图 3-8 所示。

```
PS F:\workspace_1x2\order-sys-front> npm install

> core-js@2.6.12 postinstall F:\workspace_1x2\order-sys-front\node_m
> node -e "try{require('./postinstall')}catch(e){}"

Thank you for using core-js ( https://github.com/zloirock/core-js )

The project needs your help! Please consider supporting of core-js c
> https://opencollective.com/core-js
> https://www.patreon.com/zloirock

Also, the author of core-js ( https://github.com/zloirock ) is looki


> ejs@2.7.4 postinstall F:\workspace_1x2\order-sys-front\node_module
> node ./postinstall.js

Thank you for installing EJS: built with the Jake JavaScript build t


> uglifyjs-webpack-plugin@0.4.6 postinstall F:\workspace_1x2\order-s
> node lib/post_install.js

npm WARN optional SKIPPING OPTIONAL DEPENDENCY: fsevents@1.2.13 (nod
sevents@1.2.13: wanted {"os":"darwin","arch":"any"} (current: {"os":
"win32","arch":"x64"})
npm WARN optional SKIPPING OPTIONAL DEPENDENCY: fsevents@2.3.2 (node
_modules/fsevents):
npm WARN notsup SKIPPING OPTIONAL DEPENDENCY: Unsupported platform f
or fsevents@2.3.2: wanted {"os":"darwin","arch":"any"} (current: {"o
s":"win32","arch":"x64"})

added 1278 packages from 677 contributors and audited 1285 packages
in 199.673s

49 packages are looking for funding
  run `npm fund` for details

found 19 vulnerabilities (3 low, 10 moderate, 6 high)
  run `npm audit fix` to fix them, or `npm audit` for details
PS F:\workspace_1x2\order-sys-front> █
```

图 3-5　安全前端项目依赖

```
PS F:\workspace_1x2\order-sys-front> npm run dev

> order-sys-front@1.0.0 dev F:\workspace_1x2\order-sys-front
> webpack-dev-server --inline --progress --config build/webpack.dev.
conf.js

 10% building modules 0/1 modules 1 active ... webpack/hot/dev-serve
 ...
 38% building modules 235/239 modules 4 active ...rc\static\css\plug
 38% building modules 236/239 modules 3 active ...rc\static\css\plug
 38% building modules 237/239 modules 2 active ...rc\static\css\plug
 38% building modules 238/239 modules 1 active ...rc\static\css\plug
 95% emitting

 DONE  Compiled successfully in 7559ms                   上午1:47:03

  Your application is running here: http://localhost:8181
```

图 3-6　启动项目成功

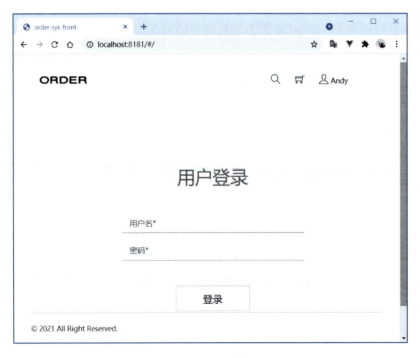

图 3-7　项目首页

图 3-8 停止前端项目

知识小结 【对应证书技能】

本任务主要掌握前后端分离架构设计的思想：前端负责 View 层和 Controller 层，后端只负责 Model 层和 Service 层。可以把 Node.js 当成跟前端交互的 API，增加 Node.js 中间层主要有以下优点：

1）适配性提升。

2）响应速度提升。

3）性能得到提升。

4）异步与模板统一。

本任务知识技能点与等级证书技能的对应关系见表 3-2。

表 3-2　任务 3.1 知识技能点与等级证书技能对应

任务 3.1 知识技能点		对应证书技能			
知识点	技能点	工作领域	工作任务	职业技能要求	等级
1. 前后端分离架构的开发	1. 掌握 Spring Boot 框架核心技术 2. 掌握 Spring Security 框架核心技术 3. 掌握 Vuejs 和 webpack 搭建前端框架	2. 软件后端设计	2.3 服务接口设计	2.3.1 了解软件服务接口设计原则 2.3.2 掌握 Restful API 的作用与规范 2.3.3 掌握服务接口的异常处理设计 2.3.4 能够完成 JWT 的生成和校验，并完成鉴权设计和安全设计	高级

任务 3.2　实现用户管理模块

微课 3-2
实现用户管理模块

任务描述

本任务将基于前后端分离架构完成用户管理模块及相关功能。

知识准备

1. 跨域介绍

跨域是指从一个域名的网页去请求另一个域名的资源，如从 www. baidu. com 页面去请求 www. sohu. com 的资源。严格的跨域定义是：只要协议、域名、端口有任何一个不同，就被当作是跨域。

2. 前后端分离与跨域

前后端分离就是前端代码一个服务器，后端代码一个服务器，两个不同的服务之间一般情况下禁止互相请求对方的资源进行交互，因此需要使用跨域来解决前后端分离的项目交互。

3. 跨域访问需要的技术

由于浏览器一般不对 Script、img 等进行跨域限制，所以可以通过 Script 的方式来实现跨域访问。

跨域访问需要用到两种技术，一种是 JSON，这是一种基于文本的传输协议；另一种是 JSONP 跨域解决方案。

任务实施

步骤 1：实现用户管理模块后台。

在 com. chinasofti. ordersys. api. admin 包中新建 AdminUserController 类，用于实现用户管理模块接口。

AdminUserController 类方法见表 3-3。

表 3-3 AdminUserController 类方法

方 法 名	说 明
adminModify(UserInfo info)	管理员修改用户信息
deleteUser(Integer userId)	删除用户
getUser(Integer userId)	根据用户 ID 获取对应用户信息
getUserByPage(int page)	获取用户分页数据
modifyMyInfo(UserInfo info)	修改个人信息
addUser(UserInfo info)	新增用户
checkAddUser(String userAccount)	检验用户是否存在

代码如下：

```
@PreAuthorize("hasRole('1')")
@RestController
@RequestMapping("/admin/user")
public class AdminUserController {
    @Autowired
    UserService service;
    public UserService getService() {
        return service;
    }
    public void setService(UserService service) {
        this.service = service;
    }
    @RequestMapping("/adminmodifyuser")
    public Results<UserInfo> adminModify(UserInfo info) {
        if(info.getUserPass().isEmpty()) {
            info.setUserPass("1");
        }
        // 执行修改操作
        service.adminModify(info);
        return Results.success(info);
    }
    @RequestMapping("/deleteuser")
    public Results<UserInfo> deleteUser(Integer userId) {
        service.deleteUser(userId);
        return Results.success();
    }
    @GetMapping("/get")
    public Results<UserInfo> getUser(Integer userId) {
        UserInfo user = service.getUserById(userId);
        user.setUserPass("");
        return Results.success(user);
    }
```

```java
@RequestMapping("/getuserbypage")
public PageResults<UserInfo> getUserByPage(int page) {
    // 获取最大页码
    int maxPage = service.getMaxPage(10);
    // 对当前的页码进行纠错,如果小于1,则直接显示第一页的内容
    page = page < 1 ? 1 : page;
    // 对当前的页码进行纠错,如果大于最大页码,则直接显示最后一页的内容
    page = page > maxPage ? maxPage : page;
    // 进行分页数据查询
    List<UserInfo> list = service.getByPage(page, 10);
    // 过滤掉密码信息
    list = list.stream().map(item->{ item.setUserPass(""); return item; }).
collect(Collectors.toList());
    // 尝试将结果结构化
    return PageResults.success(list, page, maxPage);
}

@RequestMapping("/modifyuser")
public Results<UserInfo> modifyMyInfo(UserInfo info) {
    service.modify(info);
    // 修改信息后需要自动注销
    return Results.success(info);
}

@RequestMapping("/adduser")
public Results<UserInfo> addUser(UserInfo info) {
    // 添加用户
    service.addUser(info);
    // 跳转到用户管理页面
    return   Results.success(info);
}

@RequestMapping("/checkuser")
// 获取请求参数中的用户名信息
public Results<UserInfo> checkAddUser(@RequestParam("name") String userAc-
count) {
```

```
        // 查询对应用户名的用户信息
        List<UserInfo> list = service. findUserByName( userAccount);
        // 如果数据库中无数据
        if (list. isEmpty( )) {
            // 输出可以添加标识
            return Results. success( );
            // 如果数据库中有数据
        } else {
            // 输出不能添加标识
            return Results. failure( );
        }
    }
}
```

在 com. chinasofti. ordersys. service. admin 包中新建 UserService 类，用于实现用户管理模块服务。

UserService 类方法见表 3-4。

表 3-4　UserService 类方法

方　法　名	说　　明
adminModify(UserInfo info)	管理员修改用户信息
deleteUser(Integer userId)	删除用户
getUserById(Integer userId)	根据用户 ID 获取对应用户信息
findUserByName(String userAccount)	根据用户名获取对应用户信息
getByPage(int page, int pageSize)	获取用户分页数据
getMaxPage(int pageSize)	获取用户信息的最大页数
modify(UserInfo info)	修改个人信息
addUser(UserInfo info)	新增用户
checkPass(UserInfo info)	验证用户名及密码是否正确

代码如下：

```
@Service
public class UserService {
    @Autowired
```

```java
UserInfoMapper mapper;
public UserInfoMapper getMapper() {
    return mapper;
}

public void setMapper(UserInfoMapper mapper) {
    this.mapper = mapper;
}

public List<UserInfo> getByPage(int page, int pageSize) {
    // 获取带有连接池的数据库模板操作工具对象
    int first = (page - 1) * pageSize;
    // 返回结果
    return mapper.getUserByPage(first, pageSize);
}

public int getMaxPage(int pageSize) {
    // 获取最大页数信息
    Long rows = mapper.getMaxPage();
    // 返回最大页数
    return (int) ((rows.longValue() - 1) / pageSize + 1);
}

public void addUser(UserInfo info) {
    // 创建加密工具
    info.setUserPass(new BCryptPasswordEncoder().encode(info.getUserPass()));
    // 执行用户信息插入操作
    mapper.addUser(info);
}

public void deleteUser(Integer userId) {
    // 获取带有连接池的数据库模板操作工具对象
    mapper.deleteUser(userId);
}

public void modify(UserInfo info) {
    // 获取带有连接池的数据库模板操作工具对象
    info.setUserPass(new BCryptPasswordEncoder().encode(info.getUserPass()));
    // 修改本人信息
```

```
        mapper. modify( info) ;
    }
    public void adminModify( UserInfo info) {
        info. setUserPass( new BCryptPasswordEncoder( ). encode( info. getUserPass( ) ) ) ;
        // 修改本人信息
        mapper. adminModify( info) ;
    }
    public UserInfo getUserById( Integer userId) {
        return mapper. getUserById( userId) ;
    }
    public List<UserInfo> findUserByName( String userAccount) {
        return mapper. findUsersByName( userAccount) ;
    }
    public boolean checkPass( UserInfo info) {
        // 根据给定的用户名查询用户信息
        List<UserInfo> userList = mapper. checkPass( info) ;
        // 判定查询结果集合
        // 如果没有查询到任何数据
        if ( userList. isEmpty( ) ) {
            // 返回验证失败
            return false ;
        }
        // 如果查询到一条记录,则判定密码是否一致
        // 构建加密对象
        BCryptPasswordEncoder encoder = new BCryptPasswordEncoder( ) ;
        /* 判定用户给定的密码和数据库中的密码是否一致,如果一致,则返回
true;如果不一致,则返回用户名、密码不匹配;其他情况下返回验证失败 */
        return encoder. matches( info. getUserPass( ) , userList. get( 0) . getUserPass( ) ) ;
    }
}
```

在 com. chinasofti. ordersys. mapper 包中新建 UserInfoMapper 类，用于实现用户管理模块映射类。

UserInfoMapper 类方法见表 3-5。

表 3-5   **UserInfoMapper 类方法**

方　法　名	说　　明
getAllUser( )	管理员修改用户信息
addUser(UserInfo info)	新增用户
getUserByPage(int first, int max)	获取用户分页数据
getMaxPage( )	获取用户信息的最大页数
deleteUser(Integer userId)	删除用户
modify(UserInfo info)	修改个人信息
adminModify(UserInfo info)	管理员修改用户信息
getUserById(Integer userId)	根据用户 ID 获取对应用户信息
findUserByName(String userAccount)	根据用户名获取对应用户信息
checkPass(UserInfo info)	验证用户名、密码是否正确

代码如下:

```java
@Mapper
public interface UserInfoMapper {
    @Select("select userId,userAccount,userPass,locked,roleId,roleName,faceimg from
userinfo,roleinfo where userinfo.role=roleinfo.roleId order by userId")
    public List<UserInfo> getAllUser();
    @Insert("insert into userinfo(userAccount,userPass,role,faceImg) values (#{info.
userAccount},#{info.userPass},#{info.roleId},#{info.faceimg})")
    @Options(useGeneratedKeys = true, keyProperty = "info.userId")
    public Integer addUser(@Param("info") UserInfo user);
    @Select("select userId,userAccount,userPass,locked,roleId,roleName,faceimg from
userinfo,roleinfo where userinfo.role = roleinfo.roleId order by userId limit #{first},
#{max}")
    public List<UserInfo> getUserByPage(@Param("first") int first,@Param("max")
int max);
    @Select("select count( * ) from userinfo")
    public Long getMaxPage();
    @Delete("delete from userinfo where userId=#{userId}")
    public void deleteUser(@Param("userId") Integer userId);
    @Update("update userinfo set userPass=#{info.userPass},faceimg=#{info.faceimg}
where userId=#{info.userId}")
    public void modify(@Param("info") UserInfo info);
```

@Update（" update userinfo set userPass = #｛info. userPass｝,faceimg = #｛info. faceimg｝,role＝#｛info. roleId｝ where userId＝#｛info. userId｝"）

public void adminModify（@Param（" info"）UserInfo info）;

@Select（" select userId,userAccount,userPass,locked,roleId,roleName,faceimg from userinfo,roleinfo where userinfo. role＝roleinfo. roleId and userId＝#｛userId｝"）

public UserInfo getUserById（@Param（" userId"）Integer userId）;

@Select（" select userId,userAccount,userPass,locked,roleId,roleName from userinfo, roleinfo where userinfo. role＝roleinfo. roleId and userinfo. userId＝#｛info. userId｝"）

public List<UserInfo> checkPass（@Param（" info"）UserInfo info）;

@Select（" select userId,userAccount,userPass,locked,roleId,roleName,faceimg from userinfo,roleinfo where userinfo. role＝roleinfo. roleId and userinfo. userAccount＝#｛userAccount｝"）

public List < UserInfo > findUsersByName（@Param（" userAccount"）String userAccount）;

｝

步骤 2：实现用户管理模块前端。

1）在 src/api 包中新建文件 user-admin-api. js，用于实现用户管理模块 API。

2）在 src/views/user 包中新建文件 index. vue，用于实现用户管理模块主页面。

3）在 src/views/user 包中新建文件 detail. vue，用于实现用户明细页面。

4）在 src/views/user 包中新建文件 user-constants. js，用于实现用户管理模块枚举类型数据转换。

5）把上述 views 的视图组件配置到路由文件 src/router/index. js 中。

注意：上述代码请参考本书配套的项目文件 order-sys-front，此处省略。

步骤 3：启动项目并访问用户管理模块

1）启动项目后台，结果如图 3-9 所示。

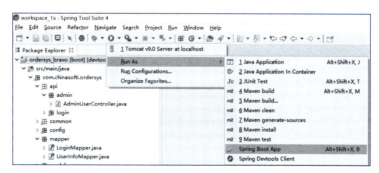

图 3-9　启动项目后台

2）启动项目前端，结果如图 3-10 所示。

3）打开浏览器，输入地址"http://localhost:8181"，登录餐厅管理员账号并访问用户管理模块。角色用户对应密码关系见表 3-6，显示结果如图 3-11 所示。

```
PS F:\workspace_1x2\order-sys-front> npm run dev

> order-sys-front@1.0.0 dev F:\workspace_1x2\order-sys-front
> webpack-dev-server --inline --progress --config build/webpack.dev.
conf.js

10% building modules 0/1 modules 1 active ... webpack/hot/dev-serve
...
38% building modules 235/239 modules 4 active ...rc\static\css\plug
38% building modules 236/239 modules 3 active ...rc\static\css\plug
38% building modules 237/239 modules 2 active ...rc\static\css\plug
38% building modules 238/239 modules 1 active ...rc\static\css\plug
95% emitting

 DONE  Compiled successfully in 7559ms                    上午1:47:03

  Your application is running here: http://localhost:8181
```

图 3-10　启动项目前端

表 3-6　角色用户对应密码关系

系 统 角 色	用 户 名	密 码
餐厅管理员	aa	1
后厨人员	bb	1
餐厅服务员	cc	1

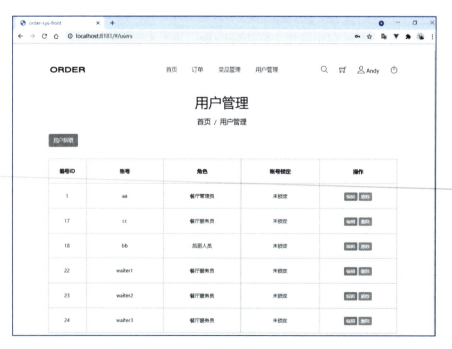

图 3-11　用户管理模块页面

知识小结　【对应证书技能】

前后端分离导致跨域问题，使用 vue-cli 搭建的 Vue 项目，可以通过在项目内设置代理（proxyTable）的方式来解决跨域问题。其他方式搭建的前端项目，通过使用 Nginx 启动前端服务同时配置代理。

本任务知识技能点与等级证书技能的对应关系见任务 3.1 的表 3-2。

任务 3.3　实现菜品管理模块

微课 **3-3**
实现菜品管理模块

任务描述

本任务将实现菜品管理模块，分别完成菜品列表、菜品详情、添加菜品、修改菜品、删除菜品等功能。

知识准备

1. 前端开发流程

首先分析需求并形成需求分析说明书，接着根据需求分析说明书制作原型和高保真 UI 进行确认，确认后开始开发前端功能，然后进行测试，测试通过后方可上线。前端开发流程如图 3-12 所示。

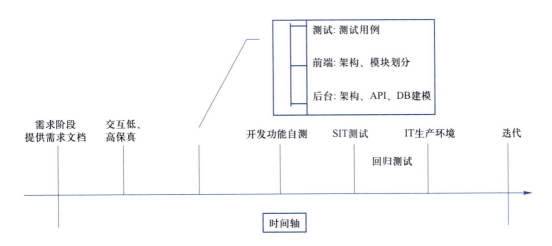

图 3-12　前端开发流程

2. 前端目录结构

1）模块化。

- JS 模块化：AMD、CommonJS、UMD、ES6 Module。
- CSS 模块化：Less、Sass、Stylus、PostCSS、CSS Module。
- 资源模块化。

2）组件化。

- 项目组定制化 UI 组件。
- 公共功能组件，如 404、无权限。
- 公共插件。
- 模块间共用组件。

3）静态资源管理。

- 非模块化资源。
- 模块化资源：与模块一起进行统一管理。

4）规范化。

- 编码规范。
- 接口规范。
- Git 使用规范。
- CodeReview。
- UI 元素规范。

5）国际化：减少层级引用，提高复用性。

3. 测试

（1）SIT 测试环境

测试环境前后端分离，后台使用 CORS，前台通过代理跨域。最好采用 source map 方式，利于追踪 bug。一般测试通过，bug 单清零，会转 UAT 测试。

（2）UAT 测试环境

用户验收测试，一般通过后，就准备部署上线。

4. 部署

Webpack 进行打包后发布到服务器上，项目上线。当然，上线前要进行性能优化，如配置缓存、静态资源 CDN 部署。

任务实施

步骤 1：实现菜品管理模块后台。

1）在 com. chinasofti. ordersys. model 包中新建 DishesInfo 类，用于实现菜品信息视图对象。代码如下：

```
public class DishesInfo {
    /**
     * 菜品 ID
     * */
    private int dishesId;
    /**
     * 菜品名称
     * */
    private String dishesName;
    /**
     * 菜品描述
     * */
    private String dishesDiscript;
    /**
     * 菜品图片
     * */
    private String dishesImg;
    /**
     * 菜品详细描述文本
     * */
    private String dishesTxt;
    /**
     * 是否推荐菜品标识
     * */
    private int recommend;
```

```java
/**
 * 菜品单价
 **/
private float dishesPrice;

public int getDishesId() {
    return dishesId;
}
public void setDishesId(int dishesId) {
    this.dishesId = dishesId;
}
public String getDishesName() {
    return dishesName;
}
public void setDishesName(String dishesName) {
    this.dishesName = dishesName;
}
public String getDishesDiscript() {
    return dishesDiscript;
}
public void setDishesDiscript(String dishesDiscript) {
    this.dishesDiscript = dishesDiscript;
}
public String getDishesImg() {
    return dishesImg;
}
public void setDishesImg(String dishesImg) {
    this.dishesImg = dishesImg;
}
public String getDishesTxt() {
    return dishesTxt;
}
public void setDishesTxt(String dishesTxt) {
    this.dishesTxt = dishesTxt;
```

```
    }
    public int getRecommend() {
        return recommend;
    }
    public void setRecommend(int recommend) {
        this.recommend = recommend;
    }
    public float getDishesPrice() {
        return dishesPrice;
    }
    public void setDishesPrice(float dishesPrice) {
        this.dishesPrice = dishesPrice;
    }
}
```

2）在 com. chinasofti. ordersys. api. admin 包中新建 AdminDishesController 类，用于实现菜品管理模块接口。代码如下：

```
@PreAuthorize("hasRole('1')")
@RestController
@RequestMapping("/admin/dishes")
public class AdminDishesController {
    @Autowired
    DishesService service;
    public DishesService getService() {
        return service;
    }
    public void setService(DishesService service) {
        this.service = service;
    }
    @RequestMapping("/adddishes")
    public Results<DishesInfo> addDishes(DishesInfo info) {
        // 执行添加菜品操作
        service.addDishes(info);
    return Results.success(info);
```

```java
    }
    @RequestMapping("/deletedishes")
    public Results<DishesInfo> deleteDishes(Integer dishesId) {
        service.deleteDishesById(dishesId);
        return Results.success();
    }
    @GetMapping("/get")
    public Results<DishesInfo> getDishes(Integer dishesId) {
        return Results.success(service.getDishesById(dishesId));
    }
    @RequestMapping("/getdishesbypage")
    public PageResults<DishesInfo> getDishesInfoByPage(int page) {
        // 获取最大页码
        int maxPage = service.getMaxPage(8);
        // 对当前的页码进行纠错,如果小于1,则直接显示第一页的内容
        page = page < 1 ? 1 : page;
        // 对当前的页码进行纠错,如果大于最大页码,则直接显示最后一页的内容
        page = page > maxPage ? maxPage : page;
        // 进行分页数据查询
        List<DishesInfo> list = service.getDishesInfoByPage(page, 8);
        // 尝试将结果结构化
        return PageResults.success(list, page, maxPage);
    }
    @RequestMapping("/modifydishes")
    public Results<DishesInfo> modifyDishes(DishesInfo info) {
        // 执行菜品信息修改工作
        service.modifyDishes(info);
        // 跳转到菜品管理页面
        return Results.success(info);
    }
    @RequestMapping("/toprecommend")
    public Results<List<DishesInfo>> getTop4RecommendDishes() {
        // 获取头4条推荐菜品信息列表
        List<DishesInfo> list = service.getTop4RecommendDishes();
```

```
        // 尝试将结果结构化
        return Results. success(list);
    }
}
```

3）在 com. chinasofti. ordersys. service. admin 包中新建 DishesService 类，用于实现菜品管理服务对象。代码如下：

```
@Service
public class DishesService {
    @Autowired
    DishesInfoMapper mapper;
    public DishesInfoMapper getMapper() {
        return mapper;
    }
    public void setMapper(DishesInfoMapper mapper) {
        this. mapper = mapper;
    }
    public List<DishesInfo> getDishesInfoByPage(int page, int pageSize) {
        // 获取带有连接池的数据库模板操作工具对象
        int first = (page - 1) * pageSize;
        // 返回结果
        return mapper. getDishesInfoByPage(first, pageSize);
    }
    public int getMaxPage(int pageSize) {
        Long rows = mapper. getMaxPage();
        // 返回最大页数
        return (int) ((rows. longValue() - 1) / pageSize + 1);
    }
    public void deleteDishesById(Integer dishesId) {
        // 获取带有连接池的数据库模板操作工具对象
        mapper. deleteDishesById(dishesId);
    }
    public void addDishes(DishesInfo info) {
        mapper. addDishes(info);
```

```
    }
    public DishesInfo getDishesById(Integer dishesId) {
        return mapper.getDishesById(dishesId);
    }
    public void modifyDishes(DishesInfo info) {
        mapper.modifyDishes(info);
    }
    public List<DishesInfo> getTop4RecommendDishes() {
        return mapper.getTop4RecommendDishes();
    }
}
```

4）在 com. chinasofti. ordersys. mapper 包中新建 DishesInfoMapper 类，用于实现菜品管理模块映射类。代码如下：

```
@Mapper
public interface DishesInfoMapper {
    @Select("select * from dishesinfo order by recommend desc,dishesId limit #{first},
#{max}")
    public List<DishesInfo> getDishesInfoByPage(@Param("first") int first,
                                                @Param("max") int max);
    @Select("select count(*) from dishesinfo")
    public Long getMaxPage();
    @Delete("delete from dishesinfo where dishesId=#{dishesId}")
    public void deleteDishesById(@Param("dishesId") Integer dishesId);
    @Insert("insert into dishesinfo(dishesName,dishesDiscript,dishesTxt,dishesImg,rec-
ommend,dishesPrice) values(#{info. dishesName},#{info. dishesDiscript},#{info. dishe-
sTxt},#{info. dishesImg},#{info. recommend},#{info. dishesPrice})")
    public void addDishes(@Param("info") DishesInfo info);
    @Select("select * from dishesinfo where dishesId=#{dishesId}")
    public DishesInfo getDishesById(@Param("dishesId") Integer dishesId);
    @Update("update dishesinfo set dishesName=#{info. dishesName},dishesDiscript=
#{info. dishesDiscript},dishesTxt=#{info. dishesTxt},dishesImg=#{info. dishesImg},rec-
ommend=#{info. recommend},dishesPrice=#{info. dishesPrice} where dishesId=#{info.
dishesId}")
```

```
public void modifyDishes(@Param("info") DishesInfo info);
@Select("select * from dishesinfo where recommend=1 order by dishesId")
public List<DishesInfo> getTop4RecommendDishes();
}
```

步骤 2：实现菜品管理模块前端。

1）在 src/api 包中新建文件 dishes-api. js，用于实现菜品管理模块 API。

2）在 src/views/dishes 包中新建文件 index. vue，用于实现菜品管理模块主页面。

3）在 src/views/dishes 包中新建文件 detail. vue，用于实现菜品明细页面。

4）把上述 views 的视图组件配置到路由文件 src/router/index. js 中。

注意：上述代码请参考本书配套的项目文件 order-sys-front，此处省略。

步骤 3：启动项目并访问菜品管理模块。

1）启动项目后台和前端。

2）打开浏览器，输入地址"http://localhost:8181"，登录餐厅管理员账号并访问菜品管理模块，结果如图 3-13 所示。

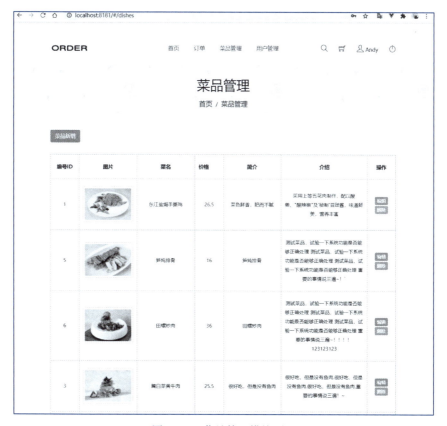

图 3-13　菜品管理模块页面

知识小结　【对应证书技能】

前后端分离开发流程：前后端完全分离，后端基于 Spring Boot 提供 resultful 的接口服务，前端基于 VueJS+Webpack 的框架。

1）后端人员：按照约定提供经过单元测试的 Restful API，使后端更关注业务逻辑的实现。

2）前端人员：按页面要求完成页面的展现开发和逻辑跳转，使前端更关注页面的布局样式和交互。

本任务知识技能点与等级证书技能的对应关系见表 3-7。

表 3-7　任务 3.3 知识技能点与等级证书技能对应

任务 3.3 知识技能点		对应证书技能			
知识点	技能点	工作领域	工作任务	职业技能要求	等级
1. 前后端分离项目开发流程	1. 掌握前后端分离项目开发流程	3. 高性能系统开发	3.2 Spring Boot 项目开发	3.2.1 熟练掌握 Spring Boot 项目的构建与配置 3.2.2 熟练掌握 Spring Boot 项目中 MyBatis 的使用 3.2.3 熟练掌握在 Spring Boot 中使用 JUnit 完成单元测试 3.2.4 熟练使用页面模板设计工具完成 Web 页面模板的开发 3.2.6 熟练掌握 Spring Boot 项目的打包与部署	高级

任务 3.4　实现菜品购买及支付流程模块

微课 3-4
实现菜品购买及
支付流程模块

任务描述

本任务将实现菜品购买及支付流程模块，其功能流程为：服务员主页显示所有菜品，将菜品加入点餐车中，完成点餐流程。

知识准备

支付宝的支付流程如图 3-14 所示。

图 3-14　支付宝的支付流程

注意：本系统仅实现本地支付流程，并没有调用第三方支付平台接口，图 3-14 所示支付流程图仅供学习参考。

任务实施

步骤 1：实现菜品购买及支付流程模块后台。

1）在 com. chinasofti. ordersys. model 包中新建 OrderInfo 类，用于实现订单信息模型对象。

2）在 com. chinasofti. ordersys. model 包中新建 OrderVO 类，用于实现订单信息视图对象。

3）在 com. chinasofti. ordersys. model 包中新建 OrderDishesInfo 类，用于实现订单菜品明细信息模型对象。

4）在 com. chinasofti. ordersys. model 包中新建 OrderDishesVO 类，用于实现订单菜品明细信息视图对象。

5）在 com. chinasofti. ordersys. model 包中新建 OrderDishes 类，用于实现订单对象与订单菜品明细关联对象。

注意：以上新建类代码省略，请参考本书配套资源中的相关项目文件。

6）在 com. chinasofti. ordersys. api. waiter 包中新建 WaiterDishesController 类，用于实现菜品购买及支付流程模块接口。代码如下：

```
//@CrossOrigin( " * " )
@RestController
//@PreAuthorize( "hasRole('3')" )
@RequestMapping( "/waiter/dishes" )
public class WaiterDishesController {
    @Autowired
    DishesService service;
    @Autowired
    OrderService orderService;
    @Autowired
    TokenService tokenService;
    @GetMapping( "/getdishesbypage" )
    public PageResults<DishesInfo> list(Integer page) {
        // 获取最大页码
        int maxPage = service. getMaxPage(8);
        // 对当前的页码进行纠错,如果小于1,则直接显示第一页的内容
        page = page < 1 ? 1 : page;
        // 对当前的页码进行纠错,如果大于最大页码,则直接显示最后一页的内容
        page = page > maxPage ? maxPage : page;
        // 进行分页数据查询
        List<DishesInfo> list = service. getDishesInfoByPage(page, 8);
        // 尝试将结果结构化
        return PageResults. success(list, page, maxPage);
    }
    @GetMapping( "/getOrderList" )
    public PageResults<?> getOrderList(HttpServletRequest request) {
        LoginUser loginUser = tokenService. getLoginUser(request);
        if (loginUser == null) {
            return PageResults. failure();
        }
        UserInfo user = loginUser. getUser();
        Integer waiterId = user. getUserId();
        return PageResults. success(orderService. findOrderByWaiter(waiterId));
```

```
        }
    }
```

7）在 com. chinasofti. ordersys. api. waiter 包中新建 OrderService 类，用于实现菜品购买及支付流程模块服务。代码如下：

```
@Service
public class OrderService {
//@Autowired
    OrderMapper mapper;
    OrderDishesMapper orderDishesMapper;
    public OrderService(OrderMapper mapper, OrderDishesMapper orderDishesMapper) {
        this. mapper = mapper;
        this. orderDishesMapper = orderDishesMapper;
    }
    public List<OrderVO> findOrderByWaiter(Integer waiterId) {
        List<OrderVO> resultList = new ArrayList<>();
        List<OrderDishesInfo> list = mapper. findOrderByWaiter(waiterId);
        if (list == null || list. size() == 0) {
            return resultList;
        }
        OrderVO order = new OrderVO();
        List<OrderDishesVO> orderDishesVOList = null;
        for (int i = 0; i < list. size(); i ++) {
            OrderDishesInfo item = list. get(i);
            OrderDishesVO orderDishes = new OrderDishesVO();
            BeanUtils. copyProperties(item, orderDishes);
            if (item. getOrderId() == null ||
                        order. getOrderId() == null ||
                        NumberUtils. compare(item. getOrderId(),
    order. getOrderId()) != 0) {
                    if (i != 0) {
                        resultList. add(order);
                    }
                    order = new OrderVO();
```

```java
                    BeanUtils. copyProperties( item, order) ;
                    orderDishesVOList = new ArrayList<>( ) ;
                }
                orderDishesVOList. add( orderDishes) ;
                order. setOrderDishes( orderDishesVOList) ;
            }
        return resultList;
    }
    public OrderInfo saveOrder( int userId) {
        int ORDER_STATE = 0;
        OrderInfo orderInfo = new OrderInfo( ) ;
        orderInfo. setWaiterId( userId) ;
        orderInfo. setOrderBeginDate( new Date( ) ) ;
        orderInfo. setOrderState( ORDER_STATE) ;
        orderInfo. setTableId( 0) ;
        mapper. saveOrderInfo( orderInfo) ;
        return orderInfo;
    }
    public void updateState( int state, int orderId) {
        mapper. updateOrderState( state, orderId) ;
    }
    public void saveOrderDishes( int orderId, List<OrderDishesVO> orderDishes) {
        if ( orderDishes != null && !orderDishes. isEmpty( ) ) {
            OrderDishes orderDish = null;
            for ( OrderDishesVO vo : orderDishes) {
                orderDish = new OrderDishes( ) ;
                orderDish. setNum( vo. getNum( ) ) ;
                orderDish. setOrderReference( orderId) ;
                orderDish. setDishes( vo. getDishesId( ) ) ;
                orderDishesMapper. saveOrderDishes( orderDish) ;
            }
        }
    }
}
```

8) 在 com. chinasofti. ordersys. mapper 包中新建 OrderMapper 类，用于实现订单模块持久层。代码如下：

```
@Mapper
public interface OrderMapper {
    @Select(" select o. orderId, o. orderBeginDate, o. orderState, d. dishesId, d. dishes-
Name, o2. num, d. dishesPrice " +" from orderdishes o2 " +" left join orderinfo o on
o. orderId = o2. orderReference " +" left join dishesinfo d on d. dishesId = o2. dishes " +
" where not isnull ( o. orderId ) " +" and o. waiterId = #{ waiterId } " +" order by
o. orderBeginDate desc "
    )
    public List<OrderDishesInfo> findOrderByWaiter( @Param(" waiterId" ) Integer wait-
erId );
    @Insert(" insert into orderinfo( orderBeginDate, orderEndDate, waiterId, orderState,
tableId)" +" values(#{ info. orderBeginDate }, #{ info. orderEndDate }, #{ info. waiterId },
#{ info. orderState }, #{ info. tableId } ) " )
    @Options(useGeneratedKeys = true, keyProperty = " info. orderId" )
    public Integer saveOrderInfo( @Param(" info" ) OrderInfo orderInfo);
    @Update ( " update orderinfo set orderState = #{ orderState } where orderId =
#{ orderId } " )
    public Integer updateOrderState( @Param(" orderState" )Integer state, @Param(" or-
derId" ) Integer orderId);
}
```

9) 在 com. chinasofti. ordersys. mapper 包中新建 OrderDishesMapper 类，用于实现订单与订单菜品关联持久层。代码如下：

```
@Mapper
public interface OrderDishesMapper {
    @Insert(" insert into orderdishes( orderReference, dishes, num)" +" values(#{ info.
orderReference }, #{ info. dishes }, #{ info. num } ) "
    )
    @Options( useGeneratedKeys = true, keyProperty = " info. odid" )
    public Integer saveOrderDishes( @Param(" info" )OrderDishes orderDishes);
}
```

步骤 2：实现点餐主页。

1）在 src/api 包中新建文件 waiter-api. js，用于实现点餐模块 API。

2）在 src/views/shop 包中新建文件 shop. vue，用于实现点餐主页。

3）把上述 views 的视图组件配置到路由文件 src/router/index. js 中。

注意：上述代码请参考本书配套资源中的项目 order-sys-front，此处省略。

步骤 3：实现订单管理模块前端。

1）在 src/views/order 包中新建文件 order. vue，用于实现订单管理模块视图主页。

2）把上述 views 的视图组件配置到路由文件 src/router/index. js 中。

注意：上述代码请参考本书配套资源中的项目 order-sys-front，此处省略。

步骤 4：启动项目并实现菜品购买及支付流程。

1）启动项目后台和前端。

2）打开浏览器，输入地址"http://localhost:8181"，登录餐厅服务员账号并访问点餐主页，如图 3-15 所示。

图 3-15　点餐主页

3）订单页面如图 3-16 所示。

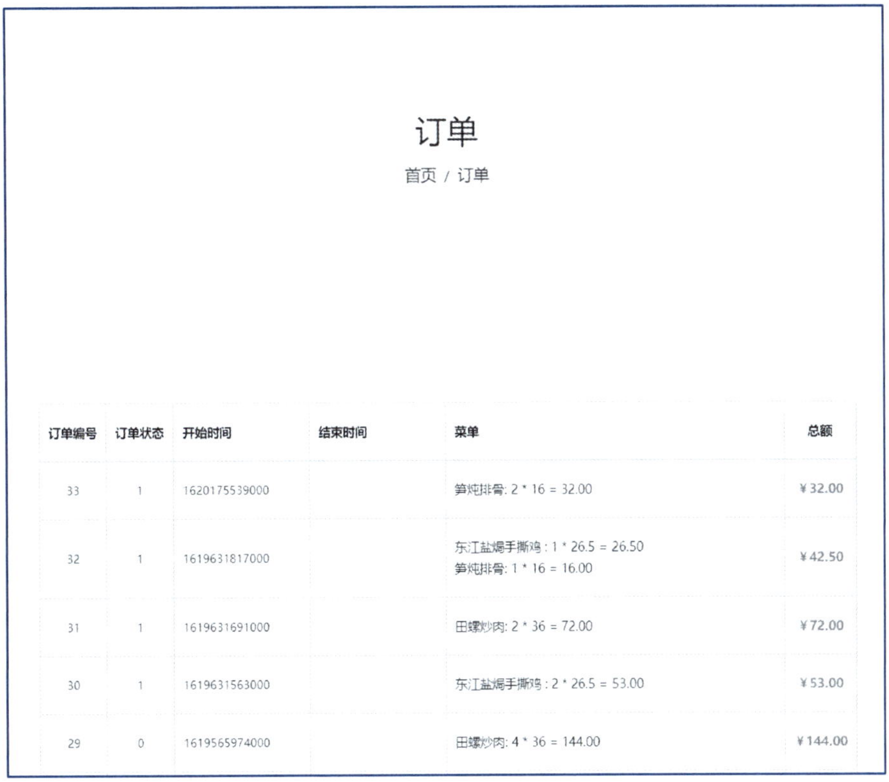

订单编号	订单状态	开始时间	结束时间	菜单	总额
33	1	1620175539000		笋炖排骨: 2 * 16 = 32.00	¥32.00
32	1	1619631817000		东江盐焗手撕鸡 : 1 * 26.5 = 26.50 笋炖排骨: 1 * 16 = 16.00	¥42.50
31	1	1619631691000		田螺炒肉: 2 * 36 = 72.00	¥72.00
30	1	1619631563000		东江盐焗手撕鸡 : 2 * 26.5 = 53.00	¥53.00
29	0	1619565974000		田螺炒肉: 4 * 36 = 144.00	¥144.00

图 3-16　订单页面

知识小结　【对应证书技能】

前后端分离开发流程规范：

1）共同约定接口并维护至 DOClever/Swagger 等工具。在设计完成后，前后端人员和项目相关成员根据页面和数据库进行梳理，确定调用接口个数和功能，在 DOClever/Swagger 等工具上维护要开发的接口，包括入参和出参。接口约定是前后端人员后续联调开发的基础，如在开发过程中接口发生变化要及时调整，并告知对方。

2）前端开发页面，并使用模拟数据调试。前端人员根据页面设计，参考 Demo，进行页面开发。使用 Node. js，模拟请求 DOClever/Swagger 服务端 Mock 生成的数据，进行调试和页面跳转测试。

3）后端开发服务端，并进行单元测试。服务端人员开发 entity、dao、service、controller 编写业务逻辑（可使用代码生成工具生成，并进行修改）。使用 MockMvc 编写单元测试，对开发功能进行测试。

4）前后端本地联调。使用 Node. js，代理转发请求到后端开发人员机器进行联调。直接连开发机器联调，需要修改前台 api. js 配置，后台需要检查是否开启跨域。

5）Nginx 部署联调。将开发的服务端打包部署到服务器。将开发的页面打包部署到 Nginx，并配置转换地址进行联调。

本任务知识技能点与等级证书技能的对应关系见任务 3.1 的表 3-2。

任务 3.5　实现电商优惠秒杀活动热插拔模块

微课 3-5
实现电商优惠秒杀
活动热插拔模块

任务描述

前面的任务已经完成了整个项目的核心功能开发，本任务将增加 RocketMQ，实现电商优惠秒杀活动热插拔模块。

知识准备

1. MQ 的背景及选型介绍

MQ（Message Queue，消息队列）作为高并发系统的核心组件之一，能够帮助业务系统解构，提升开发效率和系统稳定性。MQ 主要具有以下优势：

1）削峰填谷（主要解决瞬时写压力大于应用服务能力导致消息丢失、系统崩溃等问题）。

2）系统解耦（解决不同重要程度、不同能力级别系统之间依赖导致一死全死）。

3）提升性能（当存在一对多调用时，可以发一条消息给消息系统，让消息系统通知相关系统）。

4）蓄流压测（线上有些链路不好压测，可以通过堆积一定量消息再放开来压测）。

目前主流的 MQ 主要有 RocketMQ、Kafka、RabbitMQ，其中 RocketMQ 相比于后两者具有的主要优势特性如下：

1）支持事务型消息（消息发送和 DB 操作保持两方的最终一致性，RabbitMQ 和 Kafka 不支持）。

2）支持结合 RocketMQ 的多个系统之间数据最终一致性（多方事务，二方事务是前提）。

3）支持 18 个级别的延迟消息（RabbitMQ 和 Kafka 不支持）。

4）支持指定次数和时间间隔的失败消息重发（Kafka 不支持，RabbitMQ 需要手动确认）。

5）支持 consumer 端 tag 过滤，减少不必要的网络传输（RabbitMQ 和 Kafka 不支持）。

6）支持重复消费（RabbitMQ 不支持，Kafka 支持）。

2. RocketMQ 简介

RocketMQ 是由阿里巴巴用 Java 语言开发的一款高性能、高吞吐量的分布式消息中间件，于 2017 年正式捐赠 Apache 基金会并成为顶级开源项目。

（1）事务基本概念

1）Half Message：也叫作 Prepare Message，可以翻译为"半消息"或"准备消息"，指的是暂时无法投递的消息，即消息成功发送到 MQ 服务器，暂时还不能给消费者进行消费，只有当服务器接收到生产者传来的二次确认时，才能被消费者消费。

2）Message Status Check：消息状态回查。网络断开连接或生产者应用程序重新启动可能会丢失对事务性消息的第二次确认，当 MQ 服务器发现某条消息长时间保持半消息状态时，它会向消息生产者发送一个请求，检查消息的最终状态（"提交"或"回滚"）。

（2）RocketMQ 执行流程

RocketMQ 执行流程如图 3-17 所示。

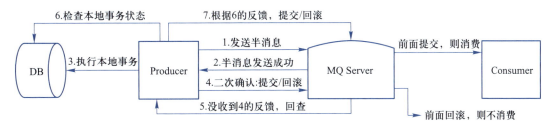

图 3-17　RocketMQ 执行流程图

1）支持重复消费（RabbitMQ 不支持，Kafka 支持）。

2）生产者发送半消息到 MQ Server，暂时不能投递，不会被消费。

3）半消息发送成功后，生产者执行本地事务。

4）生产者根据本地事务执行结果，向 MQ Server 发送 commit 或 rollback 消息，进行二次确认。

5）如果 MQ Server 接收到的是 commit，则将半消息标记为可投递状态，此时消费者就能进行消费；如果 MQ Server 接收到的是 rollback，则将半消息直接丢弃，不会进行消费。

6）如果 MQ Server 未收到二次确认消息，则会定时（默认 1 分钟）向生产者发送回查消息，检查本地事务状态，然后生产者根据本地事务回查结果再次向 MQ Server 发送

commit 或 rollback 消息。

3. JMeter 介绍

JMeter 是 Apache 组织开发的基于 Java 的压力测试工具，用于对软件做压力测试，其最初被设计用于 Web 应用测试，但后来扩展到其他测试领域。JMeter 可以用于测试静态和动态资源，如静态文件、Java 小服务程序、CGI 脚本、Java 对象、数据库、FTP 服务器等。它也可以用于对服务器、网络或对象模拟巨大的负载，在不同压力类别下测试它们的强度并分析整体性能。另外，JMeter 能够对应用程序做功能/回归测试，通过创建带有断言的脚本来验证程序是否返回了期望的结果。为了具有最大程度的灵活性，JMeter 允许使用正则表达式创建断言。

任务实施

步骤 1：搭建 RocketMQ 开发环境。

1）下载 RocketMQ。环境要求如下：

- 64 bit OS，Linux/UNIX/Mac OS。
- 64 bit JDK 1.8+。
- Maven 3.2.x。
- Git。
- 4 GB 以上空间。

下载并解压安装文件 rocketmq-all-4.7.0-bin-release.zip。

2）配置环境变量。在系统界面中右击"此电脑"图标，选择"属性→高级系统设置→高级→环境变量"命令，在系统变量中增加如表 3-8 所示的环境变量，结果如图 3-18 所示。

表 3-8　RocketMQ 环境变量

变　量　名	变　量　值	操作及描述
ROCKETMQ_HOME	F:\rocketmq-all-4.7.0-bin-release	新建，变量值为解压缩地址
Path	%ROCKETMQ_HOME%\bin;	编辑，把变量值插入原值前面即可

3）修改默认配置。如果本地开发调试，不需要使用太高的配置。但默认的配置占用的内存太高，往往导致启动失败，所以需要修改 F:\rocketmq-all-4.7.0-bin-release\bin 目录下的默认配置，把启动内存调小。

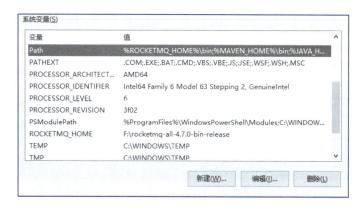

图 3-18 设置 RocketMQ 环境变量

将 runserver. cmd 文件中的如下配置：

set "JAVA_OPT=%JAVA_OPT% -server -Xms2g -Xmx2g -Xmn1g -XX：MetaspaceSize=128m -XX：MaxMetaspaceSize=320m"

修改为：

set "JAVA_OPT=%JAVA_OPT% -server -Xms256m -Xmx256m -Xmn128m -XX：MetaspaceSize=128m -XX：MaxMetaspaceSize=320m"

将 runbroker. cmd 文件中的如下配置：

set CLASSPATH=. ;%BASE_DIR%conf;%CLASSPATH%

修改为：

set CLASSPATH=. ;%BASE_DIR%conf;"%CLASSPATH%"

4）启动 NameServer。进入 bin 目录，执行 cmd 命令"start mqnamesrv. cmd"，执行成功后如图 3-19 所示。

图 3-19 启动 RocketMQ NameServer

5）启动 Broker。继续执行命令"start mqbroker. cmd -n localhost:9876"，执行成功后如图 3-20 所示。

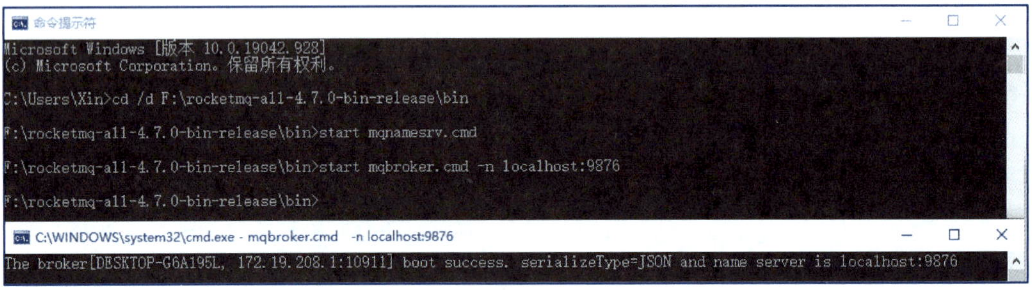

图 3-20　启动 RocketMQ Broker

完成后，各 cmd 命令窗口不要关闭，本地编写代码进行访问调试。

步骤 2：编写代码实例。

1）增加 rocketmq 依赖。打开 pom. xml 文件，增加下列配置代码：

```xml
<!-- rocketmq -->
<dependency>
    <groupId>org. apache. rocketmq</groupId>
    <artifactId>rocketmq-client</artifactId>
    <version>4. 7. 0</version>
</dependency>
```

2）在 com. chinasofti. ordersys. config 包中新建 JmsConfig 类，用于实现 JMS 配置。代码如下：

```java
public class JmsConfig {
    public static final String TOPIC = "topic_family";

}
```

注意：NAME_SERVER 必须与前面启动的 broker 的 IP 地址及端口号一致。

3）在 com. chinasofti. ordersys. config 包中新建 Producer 类，用于实现消息发送方。消息发送方代码如下：

```java
@Component
public class Producer {
    private String producerGroup = "ORDER";
    private DefaultMQProducer producer;
```

```
    public Producer() {
        //示例生产者
        producer = new DefaultMQProducer(producerGroup);
        //不开启 VIP 通道开通口端口会减 2
        producer.setVipChannelEnabled(false);
        //绑定 name server
        producer.setNamesrvAddr(JmsConfig.NAME_SERVER);
        start();
    }
    public void start() {
        try {
            this.producer.start();
        } catch (MQClientException e) {
            e.printStackTrace();
        }
    }
    public DefaultMQProducer getProducer() {
        return this.producer;
    }
    public void shutdown() {
        this.producer.shutdown();
    }
}
```

4）在 com.chinasofti.ordersys.config 包中新建 Consumer 类，用于实现消费者。消费者代码如下：

```
@Component
public class Consumer {
    public static final Logger LOGGER = LoggerFactory.getLogger(Consumer.class);
    /**
     * 消费者实体对象
     */
    private DefaultMQPushConsumer consumer;
```

```java
@Autowired
private OrderService orderService;
/**
 * 消费者组
 */
public static final String CONSUMER_GROUP = "ORDER";
/**
 * 通过构造函数实例化对象
 */
public Consumer() throws MQClientException {
    consumer = new DefaultMQPushConsumer(CONSUMER_GROUP);
    consumer.setNamesrvAddr(JmsConfig.NAME_SERVER);
    /*消费模式:一个新的订阅组第一次启动从队列的最后位置开始消费,后续再启
动接着上次消费的进度开始消费*/
    consumer.setConsumeFromWhere(ConsumeFromWhere.CONSUME_FROM_LAST_OFF-
SET);
    //订阅主题和标签(*代表所有标签)下信息
    consumer.subscribe(JmsConfig.TOPIC, "*");
    //注册消费的监听,在此监听中消费信息,并返回消费的状态信息
    consumer.registerMessageListener((MessageListenerConcurrently)(msgs, context) -> {
        /*msgs 中只收集同一个 topic,同一个 tag,并且 key 相同的 message 会把不同的
消息分别放置到不同的队列中*/
        try {
            for (Message msg : msgs) {
                //消费者获取消息,这里只输出,不做后面逻辑处理
                String body = new String(msg.getBody(), "utf-8");
                LOGGER.info("Consumer-获取消息-主题 topic 为 = {}, 消费消息为 =
{}", msg.getTopic(), body);
                if (body != null) {
                    int orderId = Integer.parseInt(body);
                    final int STATE = 1;
                    sleep(5000L);
                    orderService.updateState(STATE, orderId);
```

```
            }
          }
        } catch ( UnsupportedEncodingException | InterruptedException e) {
          e. printStackTrace( ) ;
          return ConsumeConcurrentlyStatus. RECONSUME_LATER;
        }
        return ConsumeConcurrentlyStatus. CONSUME_SUCCESS;
    } ) ;
    consumer. start( ) ;
    System. out. println( "消费者 启动成功 = = = = = = =") ;
  }
}
```

5）在 com. chinasofti. ordersys. api. waiter 包中修改 WaiterDishesController 类，实现秒杀功能。
增加引入类如下：

```
import com. chinasofti. ordersys. common. result. Results;
import com. chinasofti. ordersys. config. JmsConfig;
import com. chinasofti. ordersys. config. Producer;
import org. apache. rocketmq. client. producer. SendResult;
import org. apache. rocketmq. common. message. Message;
```

增加代码如下：

```
@Autowired
private Producer producer;
@PostMapping( "/checkout" )
  public Results <? > checkout ( HttpServletRequest request, @RequestBody List < Orde-
rDishesVO > orderDishes) throws InterruptedException, RemotingException, MQClientEx-
ception, MQBrokerException {
    LoginUser loginUser = tokenService. getLoginUser( request) ;
    if ( loginUser = = null) {
      return Results. failure( ) ;
    }
    UserInfo user = loginUser. getUser( ) ;
    int userId = user. getUserId( ) ;
```

```
OrderInfo orderInfo = orderService. saveOrder( userId) ;
if ( orderInfo = = null || orderInfo. getOrderId( ) = = null) {
    return Results. failure( ) ;
}
orderService. saveOrderDishes( orderInfo. getOrderId( ) , orderDishes) ;
String msg = orderInfo. getOrderId( ) . toString( ) ;
Message message = new Message( JmsConfig. TOPIC , "checkout" , msg. getBytes( )) ;
SendResult sendResult = producer. getProducer( ) . send( message) ;
return Results. success( ) ;
}
```

步骤 3：进行高并发应压力测试。

1）进入官网下载并解压缩 JMeter。环境要求：Java 8+。下载页面如图 3-21 所示。

图 3-21　JMeter 下载页面

2）进入 JMeter 安装路径，选择 bin 文件夹，双击 jmeter. bat 文件启动，如图 3-22 所示。

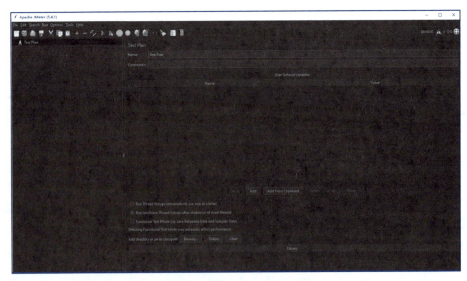

图 3-22　JMeter 页面

3）添加 Thread Group。选择 Edit→Add→Threads（Users）→Thread Group 命令，如图 3-23 所示。

4）配置 Thread Group 并发数，60 秒内完成 1000 个请求线程，如图 3-24 所示。

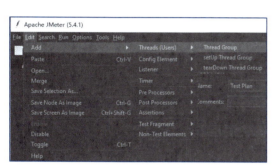

图 3-23　添加 Thread Group

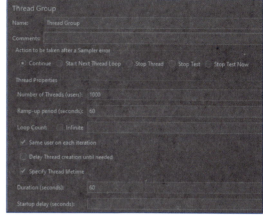

图 3-24　Thread Group 配置页面

5）添加 Http Request。右击 Thread Group，选择 Add->Sampler->HTTP Request 命令，如图 3-25 所示。

图 3-25　添加 HTTP Request

6）设置 HTTP Request，如图 3-26 所示，设置明细见表 3-9。

图 3-26　HTTP Request 配置页面

表 3-9　HTTP Request 设置明细

设　置　项	输　入　值	描　述
Protocol［http］	http	请求协议
Server Name or IP	localhost	请求服务器名称或 IP 地址
Port Number	8080	端口号
HTTP Request	POST	请求方式
Path	/waiter/dishes/checkout	请求地址
Browser-compatible headers	√	浏览器兼容的标题
Body Data	［｛"dishesId"：5，"num"：1｝，｛"dishesId"：6，"num"：1｝］	POST 请求参数以 JSON 格式提交。当前参数值表示：下 5 号菜、6 号菜各 1 份

7）添加 HTTP Header Manager。右击 HTTP Request，选择 Add -> Config Element -> HTTP Header Manager 命令，如图 3-27 所示。

图 3-27　添加 HTTP Header Manager

8）登录服务员账号后，在后台控制台获取用户 Token，如图 3-28 所示。

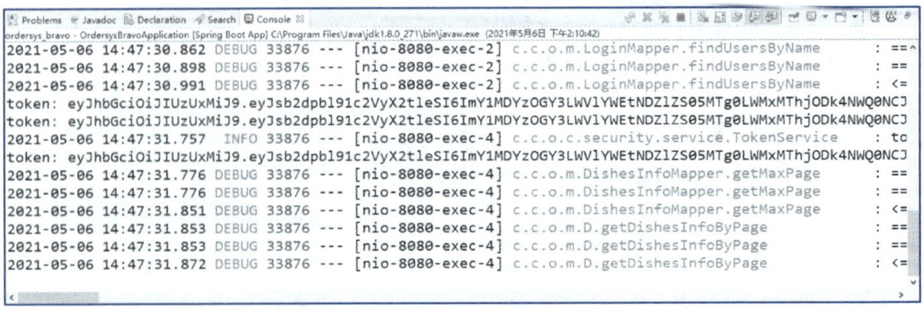

图 3-28　后台控制台信息

9）设置 HTTP Header Manager。单击 Add 按钮增加 Header Manager 参数，如图 3-29 所示，设置明细见表 3-10。

图 3-29　HTTP Header Manager 设置页面

表 3-10　HTTP Header Manager 设置明细

设　置　项	输　入　值	描　　　述
Authorization	动态生成	用户 Token。注意每次重启后台都必须重新登录服务员账号 cc，然后在后台控制台日志中复制获取
Content-Type	application/json	请求参数类型，设置为 JSON 格式

10）添加 Summary Report，用于看测试结果。右击 Thread Group，选择 Add→Listener→Summary Report 命令，如图 3-30 所示。

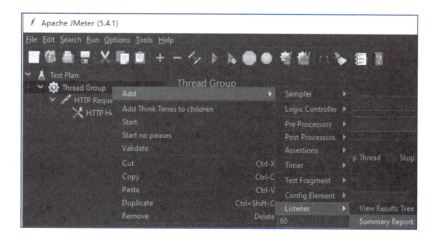

图 3-30　HTTP Header Manager 设置页面

11）单击▶按钮启动并发压力测试，结果如图 3-31 所示。

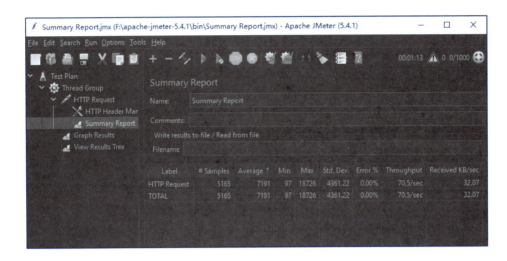

图 3-31   Summary Report 测试结果汇总页面

步骤 4：前端秒杀操作。

1）启动前端工程后，在首页把菜品加入点餐车，如图 3-32 所示。

图 3-32   添加菜品到点餐车

2）进入点餐车确认下单，如图 3-33 所示。

图 3-33　确认下单页面

3）下单成功后，会自动跳到订单页，显示这个新增的订单在排队中，如图 3-34 所示。

图 3-34　订单页面

4）等待排队中的订单自动变成就餐中即可，如图 3-35 所示。

图 3-35 订单状态改变页面

知识小结 【对应证书技能】

RocketMQ 搭建服务并完成秒杀功能的实现步骤如下：

1）安装 RocketMQ 并启动对应服务。

2）在项目中导入 RocketMQ 依赖。

3）创建 JmsConfig.java 配置类，设置 RocketMQ 参数。

4）编写生产者与消费者类。

5）编写高并发接口。

6）使用 JMeter 进行并发压力测试。

本任务知识技能点与等级证书技能的对应关系见表 3-11。

表 3-11 任务 3.5 知识技能点与等级证书技能对应

任务 3.5 知识技能点		对应证书技能			
知识点	技能点	工作领域	工作任务	职业技能要求	等级
1. RocketMQ 安装并完成秒杀功	1. 掌握 Rocket-MQ 的安装及秒杀功能的实现	4. 系统部署与维护	4.1 系统部署	4.1.2 能够搭建 RocketMQ 单节点和多节点环境	高级

任务 3.6　实现用户数据缓存

微课 3-6
实现用户数据缓存

任务描述

Redis 是一种高性能的非关系数据库，其作用在内存，性能极高。本任务首先安装好 Redis 服务，然后通过 Spring Boot 把 Redis 整合到项目中，最后编写 Redis 缓存工具类实现用户数据缓存，提高系统性能。

知识准备

1. JWT 介绍

Json Web Token（JWT）是为了在网络应用环境间传递声明而执行的一种基于 JSON 的开放标准（RFC 7519）。该 Token 被设计为紧凑且安全的，特别适用于分布式站点的单点登录（SSO）场景。JWT 的声明一般被用来在身份提供者和服务提供者间传递被认证的用户身份信息，以便于从资源服务器获取资源，也可以增加一些额外的其他业务逻辑所必需的声明信息。该 Token 可直接被用于认证，也可被加密。

2. JWT 的 Token 认证和传统的 Session 认证的区别

（1）传统的 Session 认证

HTTP 本身是一种无状态的协议，这就意味着如果用户向应用提供了用户名和密码来进行认证，那么下一次请求时，用户还要再一次进行认证才行，因为根据 HTTP，应用并不知道是哪个用户发出的请求。所以为了让应用能识别是哪个用户发出的请求，只能在服务器存储一份用户登录的信息，这份登录信息会在响应时传递给浏览器，告诉其保存为 Cookie，以便下次请求时发送给应用，这样应用就能识别请求来自哪个用户了。这就是传统的基于 Session 认证。

但是这种基于 Session 的认证使应用本身很难得到扩展，随着不同客户端用户的增加，独立的服务器已无法承载更多的用户，而这时基于 Session 认证应用的问题就会暴露出来。

基于 Session 认证所暴露的问题如下：

1）每个用户经过应用认证之后，应用都要在服务端做一次记录，以方便用户下次请求的鉴别，通常 Session 都是保存在内存中，而随着认证用户的增多，服务端的开销会明显增大。

2）用户认证之后，服务端做认证记录，如果认证的记录被保存在内存中的话，意味着用户下次请求还必须要请求在这台服务器上才能拿到授权的资源，而这在分布式的应用上相应地限制了负载均衡器的能力，这也意味着限制了应用的扩展能力。

3）因为是基于 Cookie 来进行用户识别的，Cookie 如果被截获，用户就会很容易受到跨站请求伪造的攻击。

（2）基于 Token 的鉴权机制

基于 Token 的鉴权机制类似于 HTTP，也是无状态的，不需要在服务端保留用户的认证信息或者会话信息。这就意味着基于 Token 认证机制的应用不需要考虑用户在哪一台服务器登录，这就为应用的扩展提供了便利。

基于 Token 的鉴权机制流程如下：

1）用户使用用户名和密码来请求服务器。

2）服务器进行验证用户的信息。

3）服务器通过验证发送给用户一个 Token。

4）客户端存储 Token，并在每次请求时附送上这个 Token 值。

5）服务端验证 Token 值，并返回数据。

这个 Token 必须在每次请求时传递给服务端，且保存在请求头中。另外，服务端要支持 CORS（跨来源资源共享）策略，一般可以在服务端输入"Access-Control-Allow-Origin：*"。

3. Redis 介绍

Redis 是一个开源、先进的 key-value 存储，并用于构建高性能、可扩展的 Web 应用程序的完美解决方案。

（1）Redis 的特点

1）Redis 数据库完全在内存中，使用磁盘仅为了增加持久性。

2）相比许多键值数据存储，Redis 拥有一套较为丰富的数据类型。

3）Redis 可以将数据复制到任意数量的从服务器中。

（2）Redis 的优势

1）异常快速：Redis 的速度非常快，每秒能执行约 11 万集合，每秒约 81000 条记录。

2）支持丰富的数据类型：Redis 支持大多数开发人员所熟悉的像列表、集合、有序集合、散列等数据类型，这使得它非常容易解决各种各样的问题。

3）操作都是原子性：所有 Redis 操作都是原子的，这保证了如果两个客户端同时访问的 Redis 服务器将获得更新后的值。

4）多功能实用工具：Redis 是一个多功能的工具，可以在多个用例，如缓存、消息、队列中使用（Redis 原生支持发布/订阅），可用于处理任何短暂的数据或应用程序，如 Web 应用程序会话、网页命中计数等。

任务实施

步骤 1：搭建 Redis 开发环境。

1）下载并解压 Redis。下载页面如图 3-36 所示。

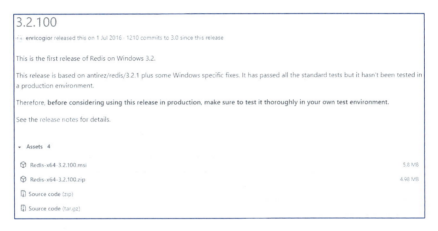

图 3-36　Redis 下载页面

2）运行 Redis。将下载包解压到 F:\Redis-x64-3.2.100 目录，双击运行 redis-server. exe 文件，默认启动端口号为 6379，启动成功显示如图 3-37 所示。

图 3-37　启动 Redis 服务

步骤 2：实现用户数据缓存。

1）增加项目依赖。修改 pom. xml 文件，增加下列依赖配置：

```xml
<!-- redis -->
<dependency>
    <groupId>org. springframework. boot</groupId>
    <artifactId>spring-boot-starter-data-redis</artifactId>
</dependency>


<!--spring boot 集成 redis 所需 common-pool2-->
<dependency>
    <groupId>org. apache. commons</groupId>
    <artifactId>commons-pool2</artifactId>
    <version>2. 5. 0</version>
</dependency>
```

2）增加 Redis 配置。修改 src/main/resources/application. yml 文件，在 Spring 属性下增加如下 Redis 配置：

```yaml
spring：
  redis：
    database：0
    host：127. 0. 0. 1
    port：6379
    timeout：2000
    lettuce：
      pool：
        max-active：8
        max-wait：-1
        max-idle：8
        min-idle：0
```

3）在 com. chinasofti. ordersys. util 包中创建 RedisCache. java 工具类。代码如下：

```java
@SuppressWarnings( value = {"unchecked" , "rawtypes"} )
@Component
public class RedisCache {
```

```java
@Autowired
public RedisTemplate redisTemplate;
public <T> ValueOperations<String, T> setCacheObject(String key, T value) {
    ValueOperations<String, T> operation = redisTemplate.opsForValue();
    operation.set(key, value);
    return operation;
}
public <T> ValueOperations<String, T> setCacheObject(String key, T value, Integer
timeout, TimeUnit timeUnit) {
    ValueOperations<String, T> operation = redisTemplate.opsForValue();
    operation.set(key, value, timeout, timeUnit);
    return operation;
}

public <T> T getCacheObject(String key) {
    ValueOperations<String, T> operation = redisTemplate.opsForValue();
    return operation.get(key);
}
public void deleteObject(String key) {
    redisTemplate.delete(key);
}
public void deleteObject(Collection collection) {
    redisTemplate.delete(collection);
}
public <T> ListOperations<String, T> setCacheList(String key, List<T> dataList) {
    ListOperations listOperation = redisTemplate.opsForList();
    if (null != dataList) {
        int size = dataList.size();
        for (int i = 0; i < size; i++) {
            listOperation.leftPush(key, dataList.get(i));
        }
    }
    return listOperation;
}
```

```
        public <T> List<T> getCacheList(String key) {
            List<T> dataList = new ArrayList<T>();
            ListOperations<String, T> listOperation = redisTemplate. opsForList();
            Long size = listOperation. size(key);
            for (int i = 0; i < size; i++) {
                dataList. add(listOperation. index(key, i));
            }
            return dataList;
        }
        public <T> BoundSetOperations<String, T> setCacheSet (String key, Set<T>
dataSet) {
            BoundSetOperations<String, T> setOperation = redisTemplate. boundSetOps(key);
            Iterator<T> it = dataSet. iterator();
            while (it. hasNext()) {
                setOperation. add(it. next());
            }
            return setOperation;
        }
        public <T> Set<T> getCacheSet(String key) {
            Set<T> dataSet = new HashSet<T>();
            BoundSetOperations<String, T> operation = redisTemplate. boundSetOps(key);
            dataSet = operation. members();
            return dataSet;
        }
        public <T> HashOperations<String, String, T> setCacheMap (String key, Map
<String, T> dataMap) {
            HashOperations hashOperations = redisTemplate. opsForHash();
            if (null != dataMap) {
                for (Map. Entry<String, T> entry : dataMap. entrySet()) {
                    hashOperations. put(key, entry. getKey(), entry. getValue());
                }
            }
            return hashOperations;
```

```
        }
        public <T> Map<String, T> getCacheMap(String key) {
            Map<String, T> map = redisTemplate.opsForHash().entries(key);
            return map;
        }

        public Collection<String> keys(String pattern) {
            return redisTemplate.keys(pattern);
        }

    }
```

4）在 com. chinasofti. ordersys. model 包中修改 UserInfo. java 类并实现 Serializable 接口。
代码如下：

```
package com. chinasofti. ordersys. model;
import java. io. Serializable;
public class UserInfo implements Serializable {
//...
}
```

5）在 com. chinasofti. ordersys. util. security 包中修改 UserHandleUtils. java 类并把
HashMap 替换为 RedisCache，实现用户数据缓存。代码如下：

```
@Component
public class UserHandleUtils {
    private static RedisCache redisCache;
    @Autowired
    public void setRedisCache(RedisCache redisCache) {
        UserHandleUtils. redisCache = redisCache;
    }
    public static void setUser(String key, LoginUser loginUser) {
        System. out. println("token：" + key);
        redisCache. setCacheObject(key, loginUser);
    }
    public static LoginUser getUser(String key) {
        System. out. println("token：" + key);
        return redisCache. getCacheObject(key);
```

```
        }
    }
```

知识小结 【对应证书技能】

本任务通过安装 Redis 服务，学习数据缓存技术的原理和相关开发技术；通过 Spring Boot 框架把 Redis 整合到项目中，并编写 Redis 存储 Session 和访问频繁数据的缓存，从而实现用户数据缓存，提升系统性能。

本任务知识技能点与等级证书技能的对应关系见表 3-12。

表 3-12 任务 3.6 知识技能点与等级证书技能对应

任务 3.6 知识技能点		对应证书技能			
知识点	技能点	工作领域	工作任务	职业技能要求	等级
1. Redis 缓存技术	1. 使用 Redis 实现用户数据缓存	3. 高性能系统开发	3.1 缓存技术开发	3.1.1 了解数据缓存技术原理和开发技术 3.1.2 掌握 Redis 实现数据高速缓存技术 3.1.3 掌握通过 Redis 存储 Session 实现 Session 共享和访问频繁数据的缓存	高级

任务 3.7 实现系统日志消息采集模块

微课 3-7
实现系统日志
消息采集模块

任务描述

本任务将实现采集模块的系统日志消息采集功能，分别完成日志配置、日志埋点、日志分析等操作。在本任务中，将学习如何编写系统日志消息采集功能，以及系统日志对于系统监控和异常分析的重要性。

知识准备

1. 系统运行信息与日志记录

1）功能模块的启动和结束。完整的系统由多个功能模块组成，每个模块负责不同的功能，因此需要对模块的启动和结束进行监控。监控内容包括是否在需要的时机正常加载该模块，以及是否在退出结束时正常完成结束操作并正常退出。

2）用户的登录和退出。包括用户登录或退出系统的时间与 IP 地址。

3）系统的关键性操作。包括数据库链接信息、网络通信的成功与失败等。

4）系统运行期间的异常信息。包括 NPE、OOM 以及其他的超时、转换异常等。

5）关键性方法的进入和退出。包括一些重要业务处理的方法，在进入和结束时需要有日志信息进行输出。

2. 日志格式

日志信息要求必须精简，过多的无用信息不但对系统分析起不到什么作用，反而会增加系统的运行压力并消耗系统的运行资源。下面的日志模板仅供参考：

时间-[线程名][日志等级]-日志输出位置(全类名,可以精确到方法名):日志信息
2013-09-04 10:49:20.296-[Thread-initRedis21504][INFO]-com.chinasofti.Login-
Controller.initLogInfo:LingMing[User] is logining

日志信息的内容可以根据不同的情况进行设计，但是时间到日志输出位置必须保证完整性，这样才有利于日志的分析。

3. 日志信息等级划分

日志等级通常分为以下 4 个级别。

1）DEBUG：系统调试信息，通常用于开发过程中对系统运行情况的监控，在实际运行环境中不进行输出。

2）INFO：系统运行的关键性信息，通常用于对系统运行情况的监控。

3）WARN：告警信息，系统存在潜在的问题，有可能引起运行异常，但此时并未产生异常。

4）ERROR：系统错误信息，需要进行及时处理和优化。

任务实施

步骤 1：完成日志模块的配置。

1）在 resources 目录中创建 logback-config.xml 文件，用于配置日志的打印方式。代码如下：

```
<? xml version="1.0" encoding="UTF-8"? >
<configuration scan="true" scanPeriod="60 seconds" debug="false">
```

```xml
<springProperty scope="context" name="spring. application. name" source="spring.
application. name"/>
    <springProperty scope="context" name="logstash. destination" source="logstash.
server-addr"/>
    <! -- 日志存放路径 -->
    <property name="log. path" value="logs" />
    <! -- 日志输出格式 -->
    <property name="log. pattern" value="%d{HH:mm:ss. SSS} [%thread] %-5level
%logger{20} - [%method,%line] - %msg%n" />
    <! -- 控制台输出 -->
    <appender name="console" class="ch. qos. logback. core. ConsoleAppender">
        <encoder>
            <pattern>${log. pattern}</pattern>
        </encoder>
    </appender>
    <! -- 系统日志输出 -->
    <appender name="file_info" class="ch. qos. logback. core. rolling. RollingFileAppender">
        <file>${log. path}/info. log</file>
        <! -- 循环政策:基于时间创建日志文件 -->
        <rollingPolicy class="ch. qos. logback. core. rolling. TimeBasedRollingPolicy">
            <! -- 日志文件名格式 -->
            <fileNamePattern>${log. path}/info. %d{yyyy-MM-dd}. log</fileName-
Pattern>
            <! -- 日志最大的历史 60 天 -->
            <maxHistory>60</maxHistory>
        </rollingPolicy>
        <encoder>
            <pattern>${log. pattern}</pattern>
        </encoder>
        <filter class="ch. qos. logback. classic. filter. LevelFilter">
            <! -- 过滤的级别 -->
            <level>INFO</level>
            <! -- 匹配时的操作:接收(记录) -->
            <onMatch>ACCEPT</onMatch>
```

```
            <! -- 不匹配时的操作:拒绝(不记录) -->
            <onMismatch>DENY</onMismatch>
        </filter>
    </appender>
    <! -- 系统模块日志级别控制   -->
    <logger name="com. chinasofti" level="info" />
    <! -- Spring 日志级别控制   -->
    <logger name="org. springframework" level="warn" />
    <! --系统操作日志-->
    <root level="info">
        <appender-ref ref="console" />
        <appender-ref ref="file_info"/>
    </root>
</configuration>
```

部分代码内容说明如下:

① <property name="log. path" value="logs" />为配置日志存放路径,存在于项目根目录下的 logs 目录中。

② value="%d｛HH:mm:ss. SSS｝〔%thread〕%-5level %logger｛20｝-〔%method,%line〕- %msg%n"为日志输出格式。

③ level="info"为日志的输出级别(分别有 INFO、DEBUG、WARNING、ERROR 四个级别)。

④ class="ch. qos. logback. core. rolling. RollingFileAppender"表示日志输出到的文件。

2)配置 application. yml 文件,将项目的输出配置指向 logback-config. xml。代码如下:

```
logging:
    config: classpath:logback-config. xml
```

步骤 2:实现在点餐模块添加日志埋点。

1)在 WaiterDishesController 上引入 Logger。代码如下:

```
Logger log = LoggerFactory. getLogger( WaiterDishesController. class);
```

2)在 list()方法中添加 log. info()方法,打印出相应位置的变量信息。代码如下:

```
public PageResults<DishesInfo> list( Integer page) {
    log. info( "list Starting, page:" + page);
```

```
        int maxPage = service. getMaxPage(8);
        log. info("maxPage: " + maxPage);
        page = page < 1 ? 1 : page;
        page = page > maxPage ? maxPage : page;
        log. info("page: " + page);
        List<DishesInfo> list = service. getDishesInfoByPage(page, 8);
        log. info("list Completed, list: " + list);
        return PageResults. success(list, page, maxPage);
    }
```

3）在 getOrderList()方法中添加 log. info()方法，打印出相应位置的变量信息。代码如下：

```
public PageResults<? > getOrderList(HttpServletRequest request) {
    log. info("getOrderList Starting, request: " + request);
    LoginUser loginUser = tokenService. getLoginUser(request);
    log. info("loginUser: " + loginUser);
    if (loginUser = = null) {
        return PageResults. failure();
    }
    UserInfo user = loginUser. getUser();
    Integer waiterId = user. getUserId();
    log. info("waiterId: " + waiterId);
    PageResults pageResults = PageResults. success(orderService. findOrderByWaiter
(waiterId));
    log. info("getOrderList Completed, pageResults: " + pageResults);
    return pageResults;
}
```

4）在 checkout()方法中添加 log. info()方法，打印出相应位置的变量信息。代码如下：

```
public Results<? > checkout(HttpServletRequest request, @RequestBody List<OrderDish-
esVO> orderDishes) throws InterruptedException, RemotingException, MQClientException,
MQBrokerException {
    log. info("checkout Starting, orderDishes: " + orderDishes);
    LoginUser loginUser = tokenService. getLoginUser(request);
```

```
        log. info("loginUser: " + loginUser);
        if (loginUser == null) {
            return Results. failure();
        }
        UserInfo user = loginUser. getUser();
        log. info("user: " + user);
        int userId = user. getUserId();
        OrderInfo orderInfo = orderService. saveOrder(userId);
        log. info("orderInfo: " + orderInfo);
        if (orderInfo == null || orderInfo. getOrderId() == null) {
            return Results. failure();
        }
        orderService. saveOrderDishes(orderInfo. getOrderId(), orderDishes);
        String msg = orderInfo. getOrderId(). toString();
        Message message = new Message(JmsConfig. TOPIC, "checkout", msg. getBytes());
        SendResult sendResult = producer. getProducer(). send(message);
        log. info("sendResult: " + sendResult);
        log. info("checkout Completed, sendResult: " + sendResult);
        return Results. success();
    }
```

5）为 OrderDishesVO、OrderVO、DishesInfo 添加 toString()方法，示例如下：

```
@Override
public String toString() {
return "OrderDishesVO{" +
        "dishesId=" + dishesId +
        ", dishesName='" + dishesName + '\" +
        ", num=" + num +
        ", dishesPrice=" + dishesPrice +
        '}';
}
```

6）运行项目，从菜品页加入点餐车并确认订单，此时后台将产生日志，可进行相应分析。

步骤 3：查看日志文件并分析。

1）在项目的根目录中找到 logs 目录，可查看项目运行过程中打印的日志，如图 3-38

所示。其中，error. log 为项目 log. error( )或项目发生异常时打印的信息；info. log 为项目 log. info( )打印的日志信息。

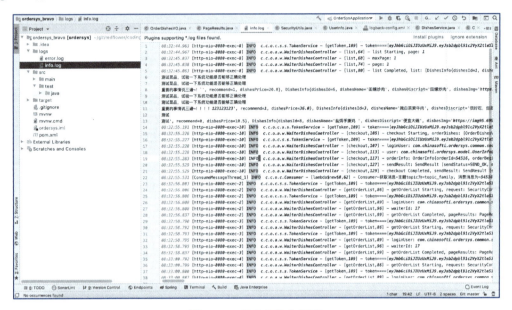

图 3-38   日志文件位置图

另外，debug、warning 也是类似的。

2）日志分析结果如图 3-39 所示。从图中可见：

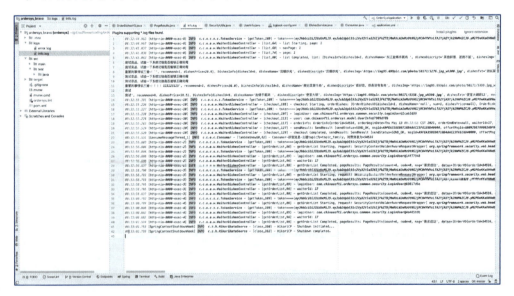

图 3-39   日志分析图

① 从 List Starting 开始可见传入的分页参数，当前页为 1，最大页数为 1；List Completed 打印出列表数据。

② 从 Checkout Starting 可见 orderDishes 为本次下单的菜品、数量，user 为下单用户信息。

③ sendResult 把下单成功的订单进行排队，并发送订单号。

④ Consumer 获取排到队的消息。

知识小结　【对应证书技能】

本任务通过实现采集模块的系统日志消息采集功能，学习日志技术原理和开发技术；通过完成日志配置、日志埋点、日志分析等功能，了解系统日志对于系统监控和异常分析的重要性；通过完成系统日志采集，掌握日志文件分析技巧。

本任务知识技能点与等级证书技能的对应关系见表 3-13。

表 3-13　任务 3.7 知识技能点与等级证书技能的对应关系

任务 3.7 知识技能点		对应证书技能			
知识点	技能点	工作领域	工作任务	职业技能要求	等级
1. 日志技术	1. 采集系统日志，并掌握日志文件分析技巧	4. 系统部署与维护	4.2 运维与监控	4.2.3 能对应用服务器和应用系统的日志进行分析，编写 Shell 脚本，对生产环境中的重要文件和数据库定期做备份	高级

拓展练习

参照本任务的相关步骤，完成用户管理和菜品管理模块。

任务 3.8　完成系统容器化部署

微课 3-8
完成系统容器化部署

任务描述

本任务首先进行 Docker 安装，然后熟悉 Docker 常用命令，最后通过 Dockerfile 构建镜像并发布 Web 项目，以方便实现快速部署。

知识准备

1. 虚拟化

在计算机中，虚拟化（Virtualization）是一种资源管理技术，是将计算机的各种实体资源（如服务器、网络、内存及存储等）予以抽象、转换后呈现出来，打破实体结构间不可切割的障碍，使用户以比原本组态更好的方式应用这些资源，即这些资源的新虚拟部分不受现有资源的架设方式、地域或物理组态所限制。一般所指的虚拟化资源包括计算能力和资料存储。

在实际生产环境中，虚拟化技术主要用来解决高性能的物理硬件产能过剩和老旧硬件产能过低的重组重用问题，透明化底层物理硬件，从而最大化地利用物理硬件。

虚拟化技术种类很多，如软件虚拟化、硬件虚拟化、内存虚拟化、网络虚拟化（VIP）、桌面虚拟化、服务虚拟化、虚拟机等。

2. Docker

Docker 是一个开源的应用容器引擎，让开发者可以打包他们的应用以及依赖包到一个可移植的镜像中，然后发布到任何流行的 Linux 或 Windows 主机上，也可以实现虚拟化。容器完全使用沙箱机制，相互之间不会有任何接口。

（1）Docker 的特点

1）上手快。

2）职责的逻辑分类。

3）快速高效的开发生命周期。

4）鼓励使用面向服务的架构。

（2）Docker 组件

Docker 是一个客户端/服务器（C/S）架构程序。Docker 客户端只需要向 Docker 服务器或者守护进程发出请求，服务器或者守护进程将完成所有工作并返回结果。Docker 提供了一个命令行工具以及一整套 Restful API，用户可以在同一台宿主机上运行 Docker 守护进程和客户端，也可以从本地的 Docker 客户端连接到运行在另一台宿主机上的远程 Docker 守护进程。

（3）Docker 镜像

镜像是构建 Docker 的基石，也是 Docker 生命周期中的"构建"部分，用户基于镜像来运行自己的容器。镜像是基于联合文件系统的一种层式结构，由一系列指令一步一步构建出来。当然，也可以将镜像当作容器的"源代码"。镜像体积很小，非常"便携"，易于分享、存储和更新。

（4）Docker Registry（注册中心）

Docker 使用 Registry 来保存用户构建的镜像。Registry 分为公共和私有两种。Docker 公司运营公共的 Registry，叫作 Docker Hub。用户可以在 Docker Hub 中注册账号，分享并保存自己的镜像（说明：在 Docker Hub 下载镜像比较慢，因此用户也可以自己构建私有的 Registry）。

（5）Docker 容器

Docker 可以帮助用户构建和部署容器，只需要把用户的应用程序或者服务打包放进容器即可。容器是基于镜像启动起来的，容器中可以运行一个或多个进程。可以认为，镜像是 Docker 生命周期中的构建或者打包阶段，而容器则是启动或者执行阶段。容器基于镜像启动，一旦容器启动完成后，用户就可以登录到容器中安装所需要的软件或者服务。

（6）Docker 常用命令

1）docker images：查看所有已下载镜像，等价于 "docker image ls" 命令。

2）docker pull：镜像，拉取镜像。

3）docker rmi：镜像 ID，删除镜像。

4）docker ps -a：查看所有容器。

5）docker ps：查看正在运行的容器。

6）docker start：容器 ID，启动容器。

7）docker stop：容器 ID，停止容器。

8）docker rm：容器 ID，删除镜像，在删除容器之前需要停止容器。

9）docker attach：进入容器。

10）ctrl+p+q：退出容器。

任务实施

步骤 1：Docker 的安装。

在 Linux 操作系统上执行以下命令，安装 Docker：

```
curl -fsSL https://get.docker.com | bash -s docker --mirror Aliyun
```

步骤 2：使用 Docker 安装 MySQL 服务并导入数据库。

执行以下命令，在 Docker 上安装 MySQL：

```
docker search mysql
docker pull mysql
docker run -p 3306:3306 --name mysql -e MYSQL_ROOT_PASSWORD = 123456 -d mysql
```

步骤 3：使用 Docker 安装 Redis 服务。

执行以下命令，在 Docker 上安装 Redis：

```
docker search search
docker pull redis
docker run -itd --name redis-test -p 6379:6379 redis
```

步骤4：使用 Docker 安装 RocketMQ 服务。

1）拉取 RocketMQ 镜像。命令如下：

```
docker search rocketmq
docker pull rocketmqinc/rocketmq
```

2）启动 RocketMQ 的 mqnamesrv 和 broker 服务。命令如下：

```
docker run -d -p 9876:9876 -v 'pwd'/data/namesrv/logs:/root/logs -v
'pwd'/data/namesrv/store:/root/store --name rmqnamesrv -e
"MAX_POSSIBLE_HEAP=100000000" rocketmqinc/rocketmq:4.4.0 sh mqnamesrv -n
[自己的 IP]:9876
docker run -d -p 10911:10911 -p 10909:10909 -v
/root/data/broker/logs:/root/logs -v
/root/data/broker/store:/root/store --name rmqbroker --link
rmqnamesrv:namesrv -e "NAMESRV_ADDR=namesrv:9876" -e
"MAX_POSSIBLE_HEAP=200000000" rocketmqinc/rocketmq sh mqbroker -n [自己的
IP]:9876 -c ../conf/broker.conf autoCreateTopicEnable=true
```

3）进入 rmqbroker 服务，修改配置。命令如下：

```
docker exec -it --user root rmqbroker bash
cd ../conf
vi broker.conf
```

4）在 broker.conf 配置文件中修改以下配置值：

```
brokerIP1 =[自己的 IP]
listenPort = 10911
```

步骤5：从 Git 仓库下载前后端代码并编译。

安装 Git，并使用"git clone"命令下载前端及后端代码。

```
yun install git
git clone [仓库 URL]
```

步骤6：部署后端服务。

1）在后端项目根目录中创建 Dockerfile 文件，并编写以下配置：

```
# 采用 Maven 镜像
FROM maven:3.5.2-jdk-8-alpine AS MAVEN_BUILD
# 工作目录在镜像的 /build 目录下
WORKDIR /build/
# 把本地的 pom.xml 和 src 目录复制到镜像的 build 目录下
COPY pom.xml /build/
COPY src /build/src/
# 执行 Maven 打包
RUN mvn package
# 运行 jar,采用 jdk 基础镜像
FROM openjdk:8-jdk-alpine
# 设置工作目录在镜像的 app 目录下
WORKDIR /app
# 将 jar 包添加到容器中并更名为 app.jar
COPY --from=MAVEN_BUILD /build/target/ordersys-0.0.1-SNAPSHOT.jar /app/
# 运行 jar 包
ENTRYPOINT ["java","-jar","ordersys-0.0.1-SNAPSHOT.jar"]
```

2）执行以下命令，创建 Docker 镜像并启动：

```
docker build -t order-sys-java-v1 .
docker run -d -p 8889:8080 order-sys-java-v1
```

步骤 7：部署前端 Web 服务。

1）在前端项目根目录中创建 Dockerfile 文件，并编写以下配置：

```
FROM node:14-alpine as builder
WORKDIR /build/order-sys
COPY . .
RUN npm install
RUN npm run build
FROM nginx:alpine
RUN mkdir -p /var/log/nginx
COPY --from=builder /build/order-sys/dist/ /usr/share/nginx/html/
WORKDIR /usr/share/nginx/html/
```

2）执行以下命令，创建 Docker 镜像并启动：

```
docker build -t nginx:order-sys-v1 .
docker run -d -p 8888:80 nginx:order-sys-v1
```

3）通过 80 端口访问该页面。

知识小结 【对应证书技能】

本任务通过安装及使用 Docker，让学习者熟悉 Docker 常用命令；通过 Dockerfile 构建镜像并部署、发布项目，让学习者掌握搜索、拉取、列出 Docker 镜像，创建、运行 Docker 容器，以及网络配置和端口映射运行的相关技术。

本任务知识技能点与等级证书技能的对应关系见表 3-14。

表 3-14　任务 3.8 知识技能点与等级证书技能对应

任务 3.8 知识技能点		对应证书技能			
知识点	技能点	工作领域	工作任务	职业技能要求	等级
1. 系统容器化部署	1. 使用 Docker 完成系统容器化部署	1. 容器管理	1.1 容器的安装与使用	1.1.1 熟练掌握 Linux 中 Docker 的安装 1.1.2 熟练掌握搜索、拉取、列出 Docker 镜像 1.1.3 熟练掌握创建、运行 Docker 容器 1.1.4 熟练掌握网络配置和端口映射	高级

项目总结 🔍

在本项目中，任务 3.1~任务 3.3 主要通过企业应用架构设计实现用户管理模块及菜品管理模块，任务 3.4 实现菜品购买及支付流程，任务 3.5 使用 RocketMQ 分布式消息系统完成高并发秒杀功能，任务 3.6 使用 Redis 缓存用户登录信息，任务 3.7 实现系统日志消息采集，任务 3.8 完成系统容器化部署，通过学习 Docker 镜像制作与部署，解决系统快速部署问题。完成本项目的学习，应当掌握企业应用架构设计、Redis 缓存、高并发秒杀、系统日志和容器化部署等相关技术。

作为项目 4 的前导章节，本项目旨在通过企业应用架构设计及掌握 Redis 缓存、高并发秒杀等核心技术，为项目 4 的设计和实施打下扎实的基础。

课后练习

文本：参考答案

一、选择题

1. 下列不是 Redis 事务相关命令的是（　　）。

A. MULTI
B. EXEC

C. DISCARD
D. DBSIZE

2. 系统运行时检测到了一个不正常的状态，不应该使用的日志级别是（　　）。

A. Warn
B. Info

C. Error
D. Fatal

3. 以下不是 RocketMQ 缺点的是（　　）。

A. 系统可用性降低
B. 系统复杂度提高

C. 一致性问题
D. 提高系统吞吐量

二、填空题

1. 缓存的类型包括_____、_____和_____。

2. Redis 常用的 5 种数据类型分别是_____、_____、_____、_____和

_____。

3. RocketMQ 提供了两种消费模式，分别是_____和_____。

三、简答题

1. 为什么选择 Redis 做缓存？

2. 请简述 Redis 常见使用场景。

3. RocketMQ 如何实现分布式事务？

四、实训题

1. 搭建 RocketMQ 服务。

2. 实现简单的生产者消费者模型（编写 Client）。

项目4　容器化微服务架构设计、开发与实施

学习目标

本项目主要学习微服务架构的设计、开发与部署，了解微服务架构的设计思路，掌握使用 Eureka 框架构建服务注册中心、使用 Feign 框架便捷地调用服务接口、使用 Hystrix 框架实现容错处理等微服务技术框架，解决单体应用架构可靠性差、扩展能力受限等问题；了解系统容器化的部署方式，掌握使用 Docker 镜像制作与部署各个服务，解决系统快速部署问题。

PPT：项目 4
容器化微服务
架构设计、开
发与实施

项目介绍

本项目将项目 3 的餐厅点餐系统使用微服务架构的设计思路进行改造升级，基于主流的微服务开发框架 Spring Cloud，结合常用的技术框架实现服务的注册与管理、服务之间的调用、熔断处理以及系统的容器化部署。

知识结构

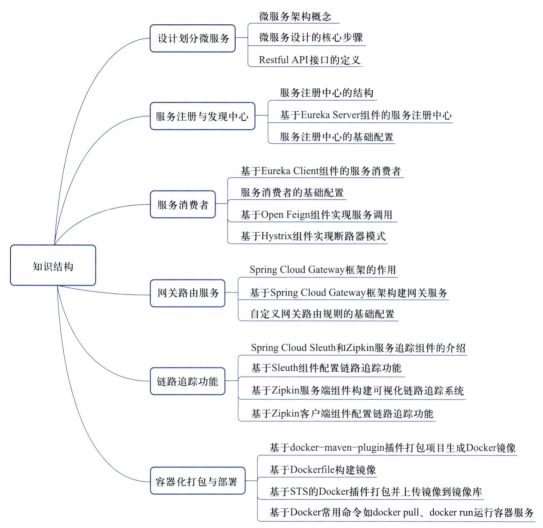

任务 4.1   设计划分微服务

任务描述

Eureka Server 用于微服务架构下的服务注册和发现,本任务将使用 Eureka Server 搭建服务注册与发现中心。

知识准备

1. 微服务架构

微服务架构是一种架构模式，它把应用程序功能分解为一组小的服务，为用户提供最终价值。服务之间互相协调、互相配合，经常采用 HTTP 资源 API 这样轻量的机制来相互通信，这些服务围绕业务功能进行构建，并能通过全自动的部署机制来进行独立部署。简单来说，微服务架构是一种架构风格，可为应用程序提供更高的可维护性、可测试性和可部署性。

2. 服务的概念

服务就是一个单一的、可独立部署的软件组件，它实现了一些有用的功能。服务具有接口，为其客户端提供对功能的访问，比如用户服务。

3. 微服务架构的特点

1）由完成特定功能的小服务组成。微服务架构把一个系统拆分成多个模块，每个模块又可以细分为多个微服务，每个服务都可独立并且支持多节点部署，运行在独立的进程中。

2）去中心化的服务治理。每个微服务允许使用不同的技术来开发，且数据可以不再单独地保存在一个数据库中，允许多种数据库技术。

3）高内聚低耦合的设计。组成各个应用的微服务，都要尽可能地实现"高内聚和低耦合"的目标，每个微服务都拥有自己的领域边界和完整的业务逻辑。

4）容错设计和弹性设计。当服务发生故障时，能够快速地试错，能够快速地检测出故障，而且能够在一定情况下自动恢复。

5）自动化运维。基础设施（如服务器、数据库、中间件等）能够弹性且自动化分配资源，微服务迭代构建要能够满足自动化的提交版本、自动化代码检查、自动化测试、自动化部署以及监控等。

4. 微服务的设计步骤

1）定义系统操作，将应用程序的需求提炼为各种关键请求。

2）定义服务，将系统拆分为多个小服务。

3）定义服务接口，确定每个服务的接口，将步骤 1 中的关键请求分配给各个服务接口。

5. 微服务的拆分设计方法

如何把系统分解为一组服务是微服务架构的关键，常见的服务拆分模式有以下两种：

1）根据业务能力分解模式，围绕业务功能组织服务。

2）根据子域分解模式，子域围绕领域驱动设计来组织服务。

任务实施

步骤 1：定义系统操作。

根据用户故事识别系统必须处理的各种请求，识别出应用程序的核心系统操作，见表 4-1。

表 4-1　用户故事接口

操 作 者	用 户 故 事	请 求 接 口	描　　述
管理员、服务员、后厨人员	用户登录	/login	用户验证并授权访问资源
服务员	菜品列表	/getdishesbypage	获取菜品列表
服务员	设定桌号	/settableid	设定点餐的餐桌号
服务员	点餐提交	/addcart /commitcart	提交点餐
服务员	订单列表	/getpaylist /requestpay	获取待支付列表
后厨人员	菜品烹饪管理	/getrtdishes /dishesdone /getrtorder	通过按钮确定对应菜品的烹制状态（准备烹制、正在烹制、烹制完毕）
管理员	用户管理	/adduser /modifyuser /deleteuser /getonlinekitchen /getonlinewaiters /getuserbypage	用户的增、删、改、查功能
管理员	菜品管理	/adddishes /modifydishes /deletedishes /getdishesbypage	菜品的增、删、改、查功能

步骤 2：定义服务。

使用业务服务功能进行业务拆分，然后从业务功能定义出服务。订餐系统的核心业务功能如下：

1）用户管理，即管理服务员和后厨人员的操作流程和权限。

2）菜品管理，即管理菜品的添加、修改和删除。

3）订单管理，即管理从点餐、确认菜品订单到完成订单的全过程。

4）菜品烹制管理，即管理菜品烹制状态。

根据核心业务定义服务，对应列表见表 4-2。

表 4-2 核心业务及对应服务

核心业务功能	服 务
用户管理	User Service
菜品管理	Dish Service
订单管理	Order Service
菜品烹制管理	

步骤 3：定义服务接口。

定义了系统操作列表和服务列表之后，下一步就是定义每个服务的接口，该接口可以由外部客户端调用，也可以由其他服务调用。定义 User Service 的服务接口，见表 4-3。

表 4-3 服 务 接 口

接 口 功 能	HTTP 请求方式	URL 地址	支 持 格 式
获取用户列表	GET	/getuserbypage	JSON
新增用户数据	POST	/adduser	JSON
修改用户数据	POST	/adminmodifyuser	JSON
删除用户数据	GET	/deleteuser	JSON

知识小结 【对应证书技能】

1）掌握微服务的常规设计步骤：定义系统操作、服务以及服务接口。根据用户需求识别系统必须处理的各种请求来定义系统的操作，然后根据业务能力分解模式，围绕业务功能组织服务，形成 User Service、Dish Service 和 Order Service 3 个服务，最后将系统操作对应到服务的接口。

2）基于 Restful API 规范设计服务的接口，满足系统操作的需求。

本任务知识技能点与等级证书技能的对应关系见表 4-4。

表 4-4 任务 4.1 知识技能点与等级证书技能对应

任务 4.1 知识技能点		对应证书技能			
知识点	技能点	工作领域	工作任务	职业技能要求	等级
1. 软件服务接口设计原则	1. 基于 Restful API 规范设计服务的接口	2. 软件后端设计	2.3 服务接口设计	2.3.1 了解软件服务接口设计原则 2.3.2 掌握 Restful API 的作用与规范	高级

拓展练习

参照本任务中相关步骤，完成 Dish Service 和 Order Service 服务的接口设计列表。

任务 4.2　搭建服务注册与发现中心

微课 4-2
搭建服务注册
与发现中心

任务描述

Eureka Server 用于微服务架构下的服务注册和发现，本任务将使用 Eureka Server 搭建服务注册与发现中心。

知识准备

在微服务架构中，会拆分出多个"小服务"，这些"小服务"往往都提供接口调用功能，"小服务"之间的调用则需要在服务发现和注册中心进行维护。Eureka 是 Netflix 中的一个开源框架，用于服务注册和发现。Spring-Cloud Eureka 是 Spring Cloud 对 Eureka 的集成，实现微服务的注册与发现。

Eureka 包含 Eureka Server 和 Eureka Client 两部分。为了便于理解，将 Eureka Client 再分为 Service Provider 和 Service Consumer，各部分的作用如下：

1）Eureka Server 提供服务的注册与发现。

2）Service Provider 为服务提供方，将自身服务注册到 Eureka，从而使服务消费方能够找到。

3）Service Consumer 为服务消费方，从 Eureka 获取注册服务列表，从而能够消费服务。

任务实施

步骤 1：创建项目。

1）使用 Spring Starter Project 创建项目。选择 File→New→Project 命令，在弹出的 New Project 对话框中选择 Spring Boot/Spring Starter Project，单击 Next 按钮，如图 4-1 所示。

2）在 New Spring Starter Project 对话框中，设置 Name 为 ordersys_eurekaserver，Group 为 com. chinasofti，Java Version 为 8，Package 为 com. chinasofti. ordersys_eurekaserver，单击 Next 按钮，如图 4-2 所示。

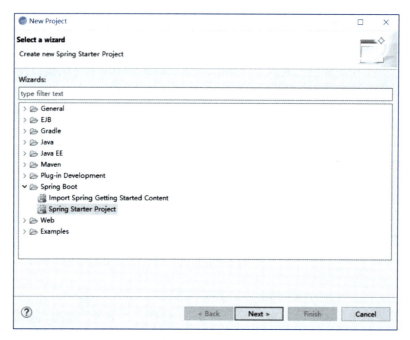

图 4-1　创建项目

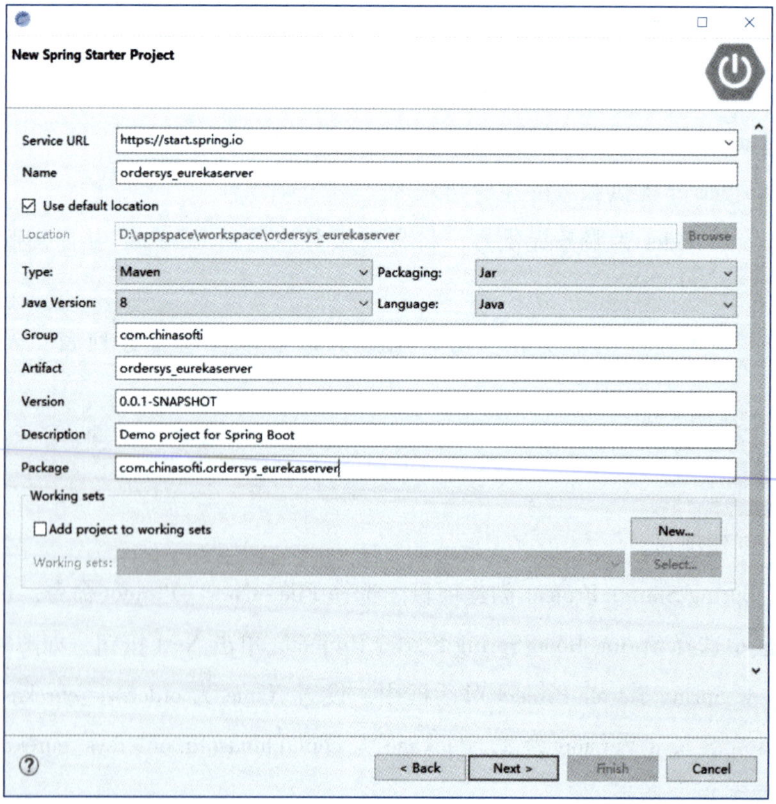

图 4-2　设置项目属性

3）在 New Spring Starter Project Dependencies 对话框中，选中 Spring Cloud Discovery 项下的 Eureka Server 复选框和 Web 项下的 Spring Web 复选框，再单击 Finish 按钮，如图 4-3 所示。

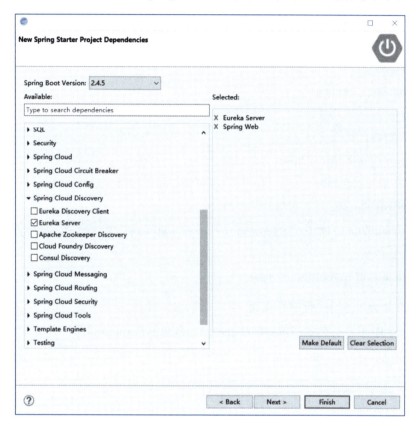

图 4-3　完成项目创建

步骤 2：在启动类上添加 @EnableEurekaServer，使该项目作为注册中心。
代码如下：

```
@EnableEurekaServer
@SpringBootApplication
public class OrdersysEurekaserverApplication {
    public static void main(String[] args) {
        SpringApplication.run(OrdersysEurekaserverApplication.class, args);
    }
}
```

步骤 3：配置 Eureka 注册中心参数。

1）将 resources 目录下的 application.properties 文件改名为 application.yml。

2）配置 application.yml 文件，通过配置 registerWithEureka 和 fetchRegistry 为 false 来表

明该服务是 Eureka Server。代码如下：

```
server：
  port：8761
eureka：
  instance：
    hostname：localhost
  client：
    #声明自己是服务端
    registerWithEureka：false
    fetchRegistry：false
    serviceUrl：
      defaultZone：http://${eureka.instance.hostname}:${server.port}/eureka/
  server：
    enable-self-preservation：false
```

步骤 4：启动并访问注册中心页面。

1）启动注册中心，右击启动类 OrdersysEurekaserverApplication，在弹出的快捷菜单中，选择 Run As→Spring Boot App 命令，如图 4-4 所示。

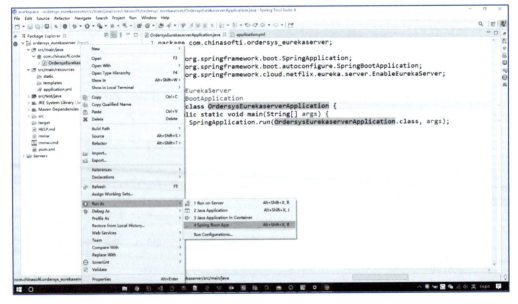

图 4-4　启动注册中心

2）访问注册中心。打开浏览器，在地址栏中输入"http://localhost:8761/"，结果如图 4-5 所示。

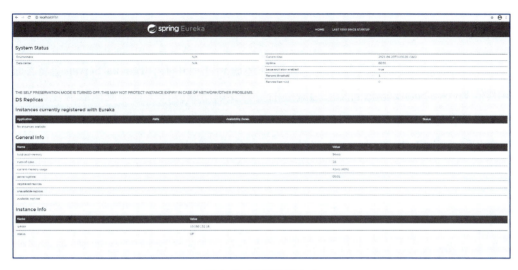

图 4-5 访问注册中心

知识小结 【对应证书技能】

使用 Spring-Cloud Eureka 搭建服务注册与发现中心步骤简单，主要步骤如下：

1）使用 Spring Boot 快速构建项目，注意要导入 Spring Cloud Discovery→Eureka Server 依赖。

2）在启动类上添加 @EnableEurekaServer，启动注册中心。

3）配置 application. yml 文件，设置注册中心的参数。

本任务知识技能点与等级证书技能的对应关系见表 4-5。

表 4-5 任务 4.2 知识技能点与等级证书技能对应

任务 4.2 知识技能点		对应证书技能			
知识点	技能点	工作领域	工作任务	职业技能要求	等级
1. 服务注册与发现中心	1. 使用 Eureka 框架搭建服务注册与发现中心	3. 高性能系统开发	3.3 Java 微服务开发与部署	3.3.4 熟练掌握 Eureka/Consul 服务注册与发现中心的部署与配置	高级

任务 4.3 实现菜品服务的设计与开发

任务描述

本任务将使用 Eureka Client 构建菜品服务，并将服务注册到注册中心。

微课 4-3
实现菜品服务的
设计与开发

知识准备

Eureka Client（服务提供者）用于将服务注册到注册中心，Eureka Server 会将注册信息向其他 Eureka Server 进行同步。当服务消费者要调用服务提供者，则向服务注册中心获取服务提供者地址，然后会将服务提供者地址缓存在本地，下次再调用时，则直接从本地缓存中获取，完成一次调用。

任务实施

步骤 1：创建菜品服务项目。

参考任务 4.2，创建项目 ordersys_dishservice，选择该项目的依赖 Spring Cloud Discovery→Eureka Discovery Client、Web→Spring Web 和 Spring Cloud Routing→OpenFeign，如图 4-6 所示。

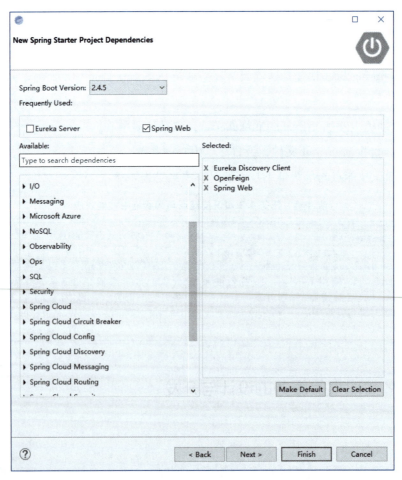

图 4-6   创建项目

步骤 2：在启动类上添加@EnableEurekaClient，使该项目作为服务提供者。
代码如下：

```
@EnableEurekaClient
@SpringBootApplication
public class OrdersysDishserviceApplication {
    public static void main(String[] args) {
        SpringApplication.run(OrdersysDishserviceApplication.class, args);
    }
}
```

步骤 3：配置服务提供者参数。

1）将 resources 目录下的 application.properties 文件改名为 application.yml。

2）配置 application.yml 文件，配置"defaultZone：http://localhost：8761/eureka/"指向注册中心，"name：dishService"指定 dishService 为服务名字，用于对外提供服务名。代码如下：

```
server:
  port: 8771
#指向注册中心地址
eureka:
  client:
    serviceUrl:
      defaultZone: http://localhost:8761/eureka/
#服务名称,建议使用驼峰命名法
spring:
  application:
    name: dishService
```

步骤 4：验证菜品服务是否注册。

1）按顺序分别运行启动文件，启动注册中心和菜品服务。

2）访问注册中心，打开浏览器，在地址栏中输入"http://localhost：8761/"，可以看到 dishService 服务已经在注册中心中，如图 4-7 所示。

步骤 5：引入项目 3 的菜品代码。

1）引入 Java 项目代码，将提供的项目代码复制到 DishService 项目，结果如图 4-8 所示。

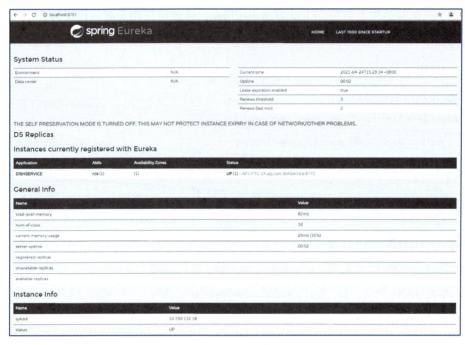

图 4-7　注册中心的菜品服务

图 4-8　菜品代码目录

2）配置 pom. xml 文件，引入 MyBatis 框架和 MySQL 驱动程序。代码如下：

```
<! -- mybatis -->
<dependency>
```

```xml
    <groupId>org. mybatis. spring. boot</groupId>
    <artifactId>mybatis-spring-boot-starter</artifactId>
    <version>2. 0. 1</version>
</dependency>


<! -- 数据库驱动程序 -->
<dependency>
    <groupId>mysql</groupId>
    <artifactId>mysql-connector-java</artifactId>
    <scope>runtime</scope>
    <version>8. 0. 15</version>
</dependency>
```

3）配置 application. yml 文件，代码如下：

```yaml
#服务名称,建议使用驼峰命名法
spring：
    application：
        name：dishService
    profiles：
        active：dev
    # 热编译
    devtools：
        restart：
            #需要实时更新的目录
            additional-paths：resources/ * * ,static/ * * ,templates/ * *
    datasource：
        driver-class-name：com. mysql. cj. jdbc. Driver
        url：jdbc:mysql://119. 29. 79. 234:3306/ordersys-v3？useUnicode=true&character-
Encoding=utf-8&allowMultiQueries=true&useSSL=false&serverTimezone=UTC
        username：root
        password：Apj123@pj
        platform：mysql


mybatis：
```

```
# 指定实体类存放的包路径
type-aliases-package：com. chinasofti. ordersys_dishservice. model
# 指定 mapper. xml 文件的位置为 /mybatis-mappers/ 下的所有 XML 文件
mapper-locations：classpath：/mybatis-mappers/ *
# 转换到驼峰命名法
configuration：
    mapUnderscoreToCamelCase：true
```

步骤 6：验证服务接口。

1）按顺序分别运行注册中心和菜品服务。

2）打开 Postman，在地址栏中输入"http：//localhost：8771/admin/dishes/toprecom-mend"，可以看到获取头 4 条推荐菜品信息，结果如图 4-9 所示。

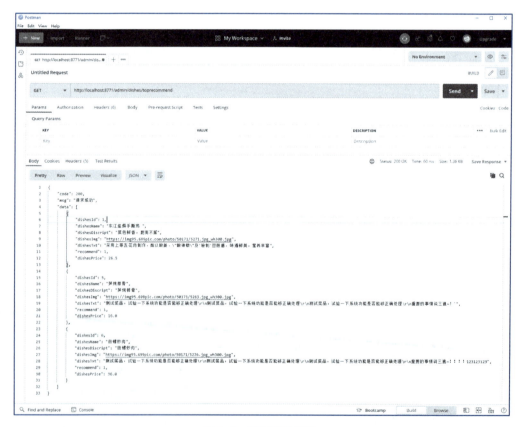

图 4-9　验证菜品服务

知识小结 【对应证书技能】

使用 Spring-Cloud Eureka Client 搭建服务并注册到注册中心，主要步骤如下：

1）使用 Spring Boot 快速构建项目，注意要导入 Spring Cloud Discovery→Eureka Server 依赖。

2）在启动类上添加 @EnableEurekaServer，启动注册中心。

3）配置 application. yml 文件，设置注册中心的参数。

本任务知识技能点与等级证书技能的对应关系见表 4-6。

表 4-6　任务 4.3 知识技能点与等级证书技能对应

任务 4.3 知识技能点		对应证书技能			
知识点	技能点	工作领域	工作任务	职业技能要求	等级
1. 构建服务提供者	1. 使用 Eureka Client 构建服务并注册到注册中心	3. 高性能系统开发	3.3 Java 微服务开发与部署	3.3.4 熟练掌握 Eureka/Consul 服务注册与发现中心的部署与配置	高级

拓展练习

参照本任务的步骤构建用户服务并注册到注册中心。

任务 4.4　实现订单服务设计与开发

微课 4-4
实现订单服务
设计与开发

任务描述

本任务将开发订单服务并将服务注册到注册中心，同时通过 Feign 框架提供订单服务。

知识准备

1. Feign（服务消费者）

Feign 是 Spring Cloud 中服务消费端的调用框架，是一个声明式、模板化的 HTTP 客户端，可帮助用户更加便捷、优雅的调用接口。在 Spring Cloud 中，使用 Feign 创建一个接口并对它进行注解，编码就完成了。Feign 具有可插拔的注解，支持 Feign 注解与 JAX-RS 注解，同时支持可插拔的编码器与解码器。Spring Cloud 对 Feign 做了增强，使 Feign 支持 Spring MVC 的注解，并集成 Ribbon 和 Eureka，使用非常方便。

2. Hystrix（熔断器）

Hystrix 是 Netflix 开源的一款容错框架，同样具有自我保护能力。它是一个远程过程调用的代理，在连续失败次数超过指定阈值后的一段时间内，这个代理会立即拒绝其他调用。

3. 服务故障的"雪崩"效应

为了保证服务高可用，单个服务通常会集群部署。由于网络原因或者自身的原因，服务并不能保证 100% 可用，如果单个服务出现问题，调用这个服务就会出现线程阻塞，此时若有大量的请求涌入，Servlet 容器的线程资源会被消耗完毕，导致服务瘫痪。由于服务与服务之间具有依赖性，故障会传播并对整个微服务系统造成灾难性的严重后果，这就是服务故障的"雪崩"效应。Hystrix 的主要作用就是解决服务故障的"雪崩"效应问题。

任务实施

步骤 1：创建订单服务。

1）参考任务 4.3，创建项目 ordersys_orderservice，其中依赖包与任务 4.3 完全相同。

2）在启动类上添加@EnableEurekaClient，使该项目作为服务提供者。代码如下：

```
@EnableEurekaClient
@SpringBootApplication
public class OrdersysOrderserviceApplication {
    public static void main(String[] args) {
        SpringApplication.run(OrdersysOrderserviceApplication.class, args);
    }
}
```

3）修改并配置 application.yml 文件，代码如下：

```
server:
  port: 8772
#指向注册中心地址
eureka:
  client:
    serviceUrl:
      defaultZone: http://localhost:8761/eureka/
#服务名称,建议驼峰命名
spring:
  application:
    name: orderService
```

步骤 2：验证订单服务是否注册。

1）按顺序分别运行启动文件，启动注册中心、菜品服务和订单服务。

2）访问注册中心，打开浏览器，在地址栏中输入"http://localhost:8761/"，可以看到 dishService 和 orderService 服务已经在注册中心，如图 4-10 所示。

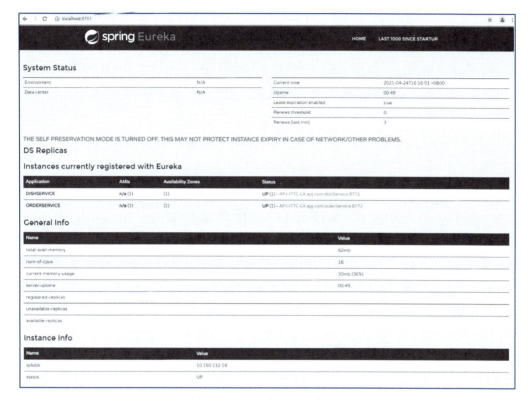

图 4-10 注册中心的订单服务

步骤 3：引入项目 3 中的订单相关代码。

参考任务 4.3 的步骤，根据提供的代码引入订单代码到项目。

步骤 4：服务间调用。

在项目实际应用中，往往需要服务之间相互调用，如在点餐系统中，订单服务根据菜品的 ID 获取菜品详情。在微服务框架中常使用 Feign 框架来实现服务之间的调用通信。

1）在菜品服务中增加获取菜品详情接口，在 ordersys_dishservice 项目的 AdminDishes-Controller 类中增加 getDishesForApi()方法，其中对外接口 URL 为/admin/dishes/api/get，使用@RequestParam 将请求参数 dishesId 绑定到方法参数上。代码如下：

```
@GetMapping("/api/get")
public Results<DishesInfo> getDishesForApi(@RequestParam(value = "dishesId") Integer
dishesId) {
```

```
        return Results. success( service. getDishesById( dishesId) ) ;
    }
```

2）在订单服务中启用 Feign 客户端，启动类 OrdersysOrderserviceApplication 中增加 @EnableFeignClients 注解，开启 Spring Cloud Feign 的支持功能。代码如下：

```
@EnableEurekaClient
@EnableFeignClients
@SpringBootApplication
public class OrdersysOrderserviceApplication {
    public static void main( String[ ] args) {
        SpringApplication. run( OrdersysOrderserviceApplication. class, args) ;
    }
}
```

3）在订单服务中定义 DishFeignClient 访问菜品服务，在 service 包下增加 DishFeignClient 接口，使用@FeignClient 注解指定服务名 dishservice 来绑定菜单服务；然后再使用@GetMapping("/admin/dishes/api/get")注解来绑定具体菜单服务提供的 REST 接口，@RequestParam 绑定参数，注意一定要和菜品服务中 getDishesForApi( )方法的参数保持一致。代码如下：

```
@FeignClient( name = "dishservice" )
public interface DishFeignClient {
    @GetMapping( "/admin/dishes/api/get" )
    Results<DishesInfo> findAllOrders( @RequestParam( value = "dishesId" ) int id) ;
}
```

4）在 OrderController 类中引入 DishFeignClient，增加 getDishesForApi( )方法，通过调用 findAllOrders( )来获取菜品数据。代码如下：

```
@Autowired
private DishFeignClient dishFeignClient;

@GetMapping( "/api/get" )
public Results<DishesInfo> getDishesForApi( @RequestParam( value = "dishesId" ) Integer dishesId) {
    return dishFeignClient. findAllOrders( dishesId) ;
}
```

5）验证服务之间的调用通信。按顺序分别运行注册中心、菜品服务和订单服务，打开 Postman，在地址栏中输入"http：//localhost：8772/order/api/get？dishesId=1"，可以看到订单服务通过调用菜品服务获取菜品信息，结果如图 4-11 所示。

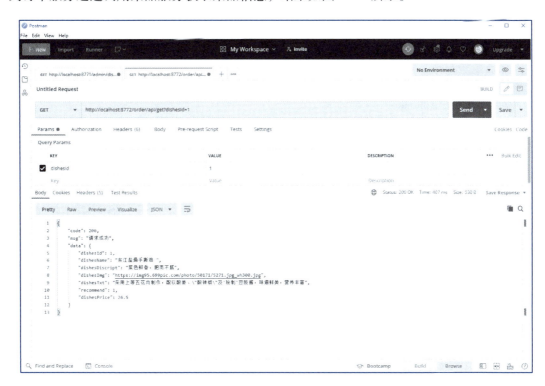

图 4-11 验证订单服务

步骤 5：服务熔断处理。

在微服务架构的点餐系统中，订单服务请求菜品服务，如果菜品服务出现故障，会导致连锁故障。当特定的服务的调用不可用且达到一个阈值，如 Hystrix 是 5 秒 20 次，熔断器将会被打开。

1）在 pom. xml 文件中增加 Hystrix 依赖。代码如下：

```
<dependency>
    <groupId>org. springframework. cloud</groupId>
    <artifactId>spring-cloud-starter-netflix-hystrix</artifactId>
    <version>2. 2. 8. RELEASE</version>
</dependency>
```

2）开启 Feign 支持熔断处理，修改订单服务的 application. yml 文件，开启 hystrix。代码如下：

```
feign：
  circuitbreaker：
    enabled：true
```

3）在启动类上添加@EnableCircuitBreaker 注解。代码如下：

```
@EnableCircuitBreaker
@EnableEurekaClient
@EnableFeignClients
@SpringBootApplication
public class OrdersysOrderserviceApplication {
    public static void main(String[] args) {
        SpringApplication. run(OrdersysOrderserviceApplication. class, args);
    }
}
```

4）增加配置熔断处理类。在 DishFeignClient 接口的注解中加上 fallback 的指定类 DishFeignClientFallback，用于实现熔断器，相当于降级操作。对于查询操作，实现一个 fallback 方法，当请求菜品服务出现异常时，可以使用该方法返回的值，一般是设置的默认值或者直接返回错误。代码如下：

```
@FeignClient(name = "dishservice", fallback = DishFeignClientFallback. class)
public interface DishFeignClient {
    @GetMapping("/admin/dishes/api/get")
    Results<DishesInfo> findAllOrders(@RequestParam(value = "dishesId") int id);
}
```

5）实现熔断处理类。在 service 包中增加 DishFeignClientFallback 类，实现 DishFeign-Client 接口，直接返回错误提示。代码如下：

```
public class DishFeignClientFallback implements DishFeignClient {
    @Override
    public Results<DishesInfo> findAllOrders(int id) {
        System. out. println("降级处理!");
        circuitbreakerreturn Results. failure(10001,"抱歉,菜品服务走失了...");}
}
```

6）验证熔断器。按顺序分别运行注册中心和订单服务，注意不要启动菜品服务，打开 Postman，在地址栏中输入"http://localhost:8772/order/api/get? dishesId=1"，可以看到直接返回错误提示信息，结果如图 4-12 所示。

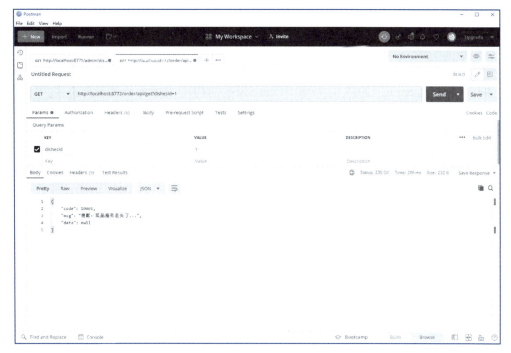

图 4-12　验证熔断器

知识小结　【对应证书技能】

在微服务架构中，多个服务之间使用 Feign 框架实现服务间的通信。Feign 是一个声明式的伪 HTTP 客户端，使用其仅需要创建一个接口并通过@FeignClient 注解绑定调用目标服务即可调用该服务。在服务与服务之间相互调用时，Hystrix 框架用于如果服务出现故障时提供熔断功能，通过 fallback 方法可以直接返回一个固定值，避免连锁故障拖垮服务。

本任务知识技能点与等级证书技能的对应关系见表 4-7。

表 4-7　任务 4.4 知识技能点与等级证书技能对应

任务 4.4 知识技能点		对应证书技能			
知识点	技能点	工作领域	工作任务	职业技能要求	等级
1. 服务间调用 2. 服务熔断器和熔断处理	1. 使用 Spring Cloud Hystrix 实现服务熔断 2. 使用 Spring Cloud Feign 实现服务间的调用	3. 高性能系统开发	3.3 Java 微服务开发与部署	3.3.7 能够基于 Spring Cloud 实现服务熔断器和熔断处理	高级

微课 4-5
构建 Gateway 网关
路由服务

任务 4.5　构建 Gateway 网关路由服务

任务描述

本任务将使用 Spring Cloud Gateway 框架构建网关服务，接收并转发所有的客户端调用。

知识准备

1. 网关服务

网关服务通常用于在项目中简化前端的调用逻辑，同时也简化内部服务之间互相调用的复杂度，具体作用就是转发服务，接收并转发所有内外部的客户端调用。网关其他常见的功能还包括权限认证、限流控制、日志输出等。

2. Spring Cloud Gateway

Spring Cloud Gateway 是 Spring Cloud 的一个全新项目，该项目是基于 Spring 5.0、Spring Boot 2.0 和 Project Reactor 等技术开发的网关，旨在为微服务架构提供一种简单有效的、统一的 API 路由管理方式。Spring Cloud Gateway 不仅提供统一的路由方式，并且基于 Filter 链的方式提供网关基本的功能，如安全、监控/指标和限流。

3. Spring Cloud Gateway 的核心概念

1）路由（Route）：路由是网关最基础的部分，其信息由 ID、目标 URI、一组断言和一组过滤器组成。如果断言路由为真，则说明请求的 URI 和配置匹配。

2）断言（Predicate）：即 Java 8 中的断言函数。Spring Cloud Gateway 中的断言函数输入类型是 Spring 5.0 框架中的 ServerWebExchange，其允许开发者去定义匹配来自于 HTTP Request 中的任何信息，如请求头和参数等。

3）过滤器（Filter）：一个标准的 Spring Web Filter。Spring Cloud Gateway 中的 Filter 分为两种类型，分别是 Gateway Filter 和 Global Filter。过滤器将会对请求和响应进行处理。

任务实施

步骤 1：创建网关服务。

1）参考任务 4.2，创建项目 ordersys_gateway，选择该项目的依赖 Spring Cloud Discovery→Eureka Discovery Client 和 Spring Cloud Routing→Gateway，如图 4-13 所示。

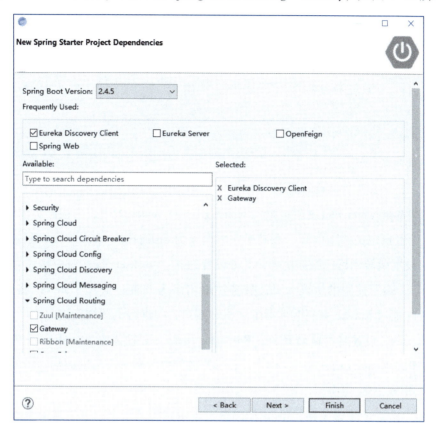

图 4-13 创建网关服务

2）在启动类上添加@EnableEurekaClient，使该项目作为服务提供者。代码如下：

```
@EnableEurekaClient
@SpringBootApplication
public class OrdersysGatewayApplication {
    public static void main(String[] args) {
        SpringApplication. run(OrdersysGatewayApplication. class, args);
    }
}
```

3）修改并配置 application. yml 文件，设置服务端口 8762 以及向注册中心注册。代码如下：

```
server:
    port: 8762
```

```
#指向注册中心地址
eureka：
  client：
    serviceUrl：
      defaultZone：http：//localhost：8761/eureka/
#服务名称,建议驼峰命名
spring：
  application：
    name：gateway
```

步骤 2：自定义配置路由规则。

1）修改 application. yml 文件，增加 cloud：gateway：routes 配置，字段配置作用如下。

● id：设置自定义的路由 ID，保持唯一，名字为 dishservice-route。

● uri：设置跳转到目标服务地址，此处设置为 lb：//dishservice，对应格式为"lb：//服务注册名字"，表示使用的协议为 lb，服务注册名字为 dishservice，Gateway 将使用 Load-BalancerClient 通过 Eureka 解析为实际的主机和端口，并进行负载均衡访问。

● predicates：设置路由跳转条件，Predicate 接受一个输入参数，返回一个布尔值结果，设置"Path=/api/dishservice/＊＊"，表示当访问路径包含/api/dishservice/时，跳转到 URI 配置的 dishservice 服务。

● filters：设置过滤器规则，StripPrefix 参数表示在将请求发送到下游服务之前从请求中剥离的路径个数，设置 StripPrefix=2，表示当通过 Gateway 网关向/api/dishservice/ad-min/dishes/toprecommend 发出请求时，转发到服务的实际请求为/admin/dishes/toprecom-mend。

详细代码如下：

```
#服务名称,建议驼峰命名
spring：
  application：
    name：gateway
  cloud：
    gateway：
      routes：
        – id：dishservice-route
          uri：lb：//dishservice
```

```
                predicates：
                - Path=/api/dishservice/**
                filters：
                - StripPrefix=2
```

2）按顺序分别运行注册中心、菜品服务、订单服务和网关服务，打开 Postman，在地址栏中输入"http://localhost：8762/api/dishservice/admin/dishes/toprecommend"，可以看到访问网关服务后跳转到菜品服务，结果如图 4-14 所示。

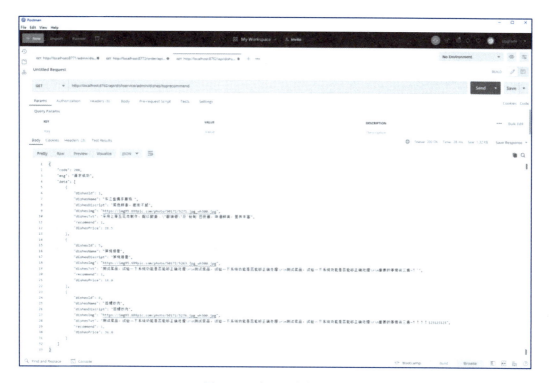

图 4-14　验证网关路由功能

步骤 3：自动配置路由规则。

步骤 2 中实现了手动配置路由转发规则及转发到菜品服务的功能。微服务架构中服务较多，可以使用自动配置的方式代替手动配置的方式实现全部服务的转发功能。

1）修改 application.yml 文件，增加 cloud：gateway：routes：discovery：locator 配置，字段配置作用如下。

● enabled：设置为 true，表明 Gateway 开启服务注册和发现的功能，并且 Spring Cloud Gateway 自动根据服务发现为每个服务创建一个路由 router，这个 router 将以服务名开头的请求路径转发到对应的服务。

● lowerCaseServiceId：设置为 true，表明将请求路径上的服务名配置为小写，注册中心注册时将服务名默认为大写。

详细代码如下：

```
#服务名称,建议使用驼峰命名法
spring：
    application：
        name：gateway
    cloud：
        gateway：
            discovery：
                locator：
                    enabled：true
                    lowerCaseServiceId：true
```

2）按顺序分别运行注册中心、菜品服务、订单服务和网关服务，打开 Postman，在地址栏中输入"http://localhost:8762/dishservice/admin/dishes/toprecommend"，可以看到访问网关服务后根据服务名跳转到菜品服务，结果如图 4-15 所示。

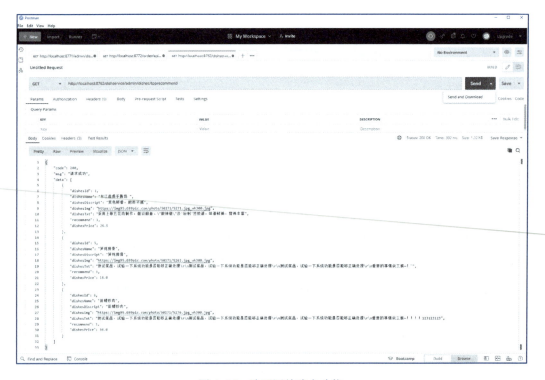

图 4-15　验证网关路由功能

知识小结 【对应证书技能】

本任务首先使用 Spring Cloud Gateway 构建网关服务，提供核心的路由功能，为微服务架构提供统一的 API 路由管理方式，并通过配置路由信息 ID、目标 URI、断言（Predicate）和过滤器（Filter）实现路由根据匹配规则转发请求。

本任务知识技能点与等级证书技能的对应关系见表 4-8。

表 4-8 任务 4.5 知识技能点与等级证书技能对应

任务 4.5 知识技能点		对应证书技能			
知识点	技能点	工作领域	工作任务	职业技能要求	等级
1. 构建网关服务	1. 使用 Spring Cloud Gateway 框架构建网关服务	3. 高性能系统开发	3.3 Java 微服务开发与部署	3.3.6 能够基于 Spring Cloud Gateway 实现网关转发与请求过滤	高级

任务 4.6 实现链路追踪功能

微课 4-6
实现链路追踪功能

任务描述

本任务将使用 Zipkin 和 Sleuth 框架实现业务分析调用链路追踪系统，用于分析微服务架构的服务接口、性能诊断等问题。

知识准备

1. Sleuth 框架

在微服务框架中，一个由客户端发起的请求在后端系统中会经过不同的服务节点调用来协同产生最后的请求结果。每个前端请求都会形成一条复杂的分布式调用链路，链路中的任何一个环节出现高延时或错误都会引起整个请求的失败。

Spring Cloud Sleuth 为 Spring Cloud 实现了分布式跟踪解决方案，且兼容 Zipkin，结合 Zipkin 进行链路跟踪。Sleuth 是一个工具，能跟踪一个用户请求的过程，捕获到跟踪数据，构建微服务的整个调用链的视图。Sleuth 是调试和监控微服务的关键工具，可以快速发现错误根源并监控分析每条请求链路上的性能。

2. Zipkin 框架

Zipkin 是一个可视化的分布式跟踪系统，有助于收集解决服务体系结构中延迟问题所需的时序数据。Zipkin 最初是为了在 Cassandra 上存储数据而构建的，因为 Cassandra 是可扩展的，具有灵活的模式，并且在相关应用中大量使用。除了支持 Cassandra，Zipkin 还支持 ElasticSearch 和 MySQL。如果日志文件中有跟踪 ID，则可以直接跳至该跟踪 ID。另外，Zipkin 还可以基于属性进行查询，例如服务、操作名称、标签和持续时间，服务中花费的时间百分比以及操作是否失败。

任务实施

步骤 1：增加 Sleuth 链路追踪功能。

1）在各个微服务项目的 pom. xml 文件添加 Sleuth 依赖。代码如下：

```
<dependency>
    <groupId>org. springframework. cloud</groupId>
    <artifactId>spring-cloud-starter-sleuth</artifactId>
</dependency>
```

2）启动全部服务，打开 Postman，在地址栏中输入"http://localhost：8762/orderservice/order/api/get? dishesId = 1"，通过订单服务调用菜单服务，打开 STS 的 Console，分析 Sleuth 日志的结果，如图 4-16 所示。

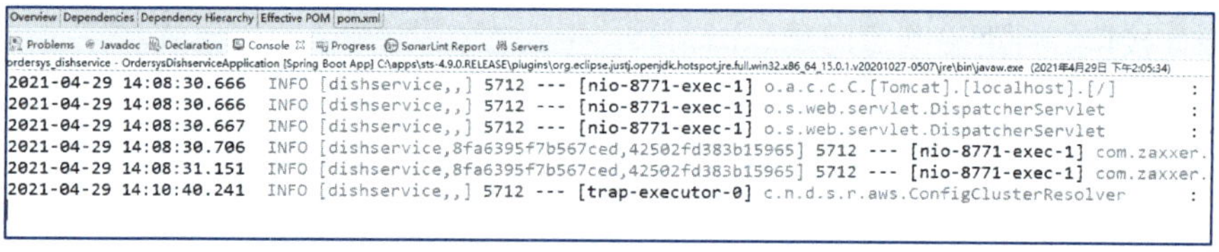

图 4-16   Sleuth 日志功能

可以看到 Sleuth 在日志中增加 ［dishservice,8fa6395f7b567ced,42502fd383b15965］信息，用于日志追踪，具体分析如下。

- 第一个值：服务名，对应的是 spring. application. name 的值。
- 第二个值：Trace ID，用来标识一条请求链路，一条请求链路中包含一个 Trace ID。
- 第三个值：Span ID，基本的工作单元，获取元数据。

步骤 2：构建 Zipkin 服务端。

通过 Sleuth 框架收集的日志链路信息，并不方便开发人员查看分析。通过引入 Zipkin

框架，可以实现链路追踪的可视化 Web 页面分析调用链路耗时等情况。

　　启动 Zipkin 服务端，下载提供的 zipkin-server-2.12.9-exec.jar 文件，执行"java -jar zipkin-server-2.12.9-exec.jar"命令，启动 Zipkin 服务端，打开浏览器并输入地址"http://127.0.0.1:9411/"，结果如图 4-17 所示。

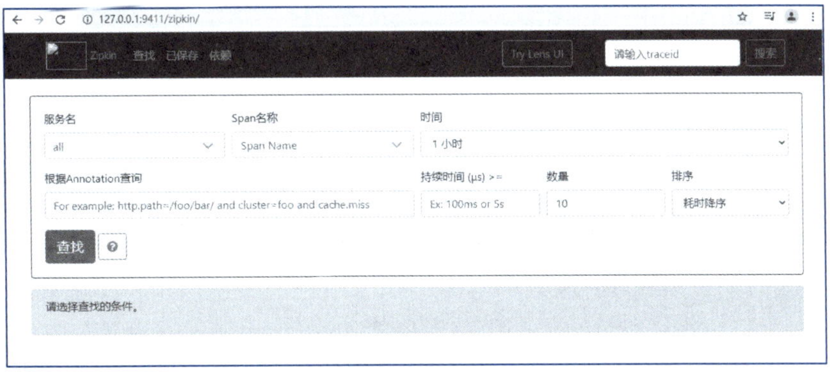

图 4-17　Zipkin 服务

　　步骤 3：服务中增加 Zipkin 客户端。

　　在网关服务、菜品服务和订单服务的 pom.xml 文件中添加 Zipkin 依赖。代码如下：

```
<dependency>
    <groupId>org. springframework. cloud</groupId>
    <artifactId>spring-cloud-sleuth-zipkin</artifactId>
</dependency>
```

　　步骤 4：配置 Zipkin 服务端地址。

　　在网关服务、菜品服务和订单服务的 application.yml 文件中配置 Zipkin 和 Sleuth，注意与 application 是同层级的。通过 zipkin:base-url 设置指向 Zipkin 服务端地址和 sleuth: sampler:probability 设置采样百分比，设置为 1 代表 100% 采样，即记录全部的 Sleuth 信息。代码如下：

```
#服务名称,建议使用驼峰命名法
spring:
  application:
    name: dishservice
  zipkin:
    base-url: http://127.0.0.1:9411/
    discovery-client-enabled: false
  sleuth:
```

> sampler：
> probability：1.0

步骤5：验证可视化的链路追踪系统。

1）启动全部服务，打开Postman，在地址栏中输入"http://localhost:8762/orderservice/order/api/get？dishesId=1"。

2）在浏览器中访问输入地址"http://127.0.0.1:9411/"，查看链路追踪系统，可以看到调用的服务名，结果如图4-18所示。

图4-18　查看链路追踪系统

3）选择orderservice服务，单击"查找"按钮，可以看到链路耗时情况，结果如图4-19所示。

图4-19　查看链路耗时

4）单击1.098s 6spans行，展示服务调用情况、调用深度、每个服务的时长等详细信息，如图4-20所示。

图 4-20　查看链路详情

知识小结　【对应证书技能】

微服务架构系统服务之间调用很多次后端服务才能完成特定功能，当整个请求变慢或不可用时，很难得知该请求是由哪个后端服务引起的，这时就需要解决如何快读定位服务故障点。本任务使用 Sleuth 结合 Zipkin 构建调用链路追踪功能，可以很方便地理清服务间的调用关系，看出每个采样请求的耗时，分析出哪些服务调用比较耗时，然后优化链路。

本任务知识技能点与等级证书技能的对应关系见表 4-9。

表 4-9　任务 4.6 知识技能点与等级证书技能对应

任务 4.6 知识技能点		对应证书技能			
知识点	技能点	工作领域	工作任务	职业技能要求	等级
1. 开发服务间调用的分析追踪系统	1. 使用 Sleuth 结合 Zipkin 构建链路追踪系统，分析服务提供者与消费者链路	3. 高性能系统开发	3.3 Java 微服务开发与部署	3.3.5 能够基于 Eureka/Consul 服务注册与发现中心开发实现服务提供者与消费者	高级

任务 4.7　完成各个服务的 Docker 打包

微课 4-7
完成各个服务的
Docker 打包

任务描述

本任务将注册中心、网关、菜品和订单服务使用 Docker 容器打包，以方便实现快速部署。

知识准备

在项目打包发布的持续集成过程中，项目常使用 Maven 框架进行编译打包，并生成镜像，再通过镜像部署上线，可以极大提升系统上线效率，同时能够满足快速动态扩容、快速回滚等需求。Spotify 公司开发的 docker-maven-plugin 插件就是通过简单的配置，在 Maven 工程中自动生成镜像并推送到 Docker 仓库中。

任务实施

步骤1：配置远程连接 Docker 服务。

1）打开 STS 工具，在菜单栏选择 Window → Show View → Other → Docker → Docker Explore 命令，单击 open 按钮，打开 Docker 视图，在该视图下建立 Docker Connection，输入已开启远程连接的 Docker 服务端地址（项目3中使用的 Docker 服务），单击 Finish 按钮，如图 4-21 所示。

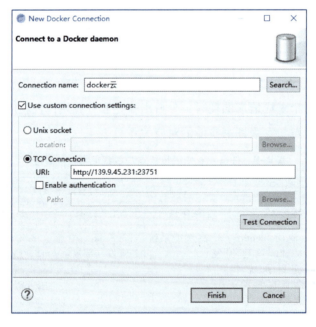

图 4-21　配置 Docker 连接

2）连接成功，可以看到当前 Docker Server 中已有镜像和容器，如图 4-22 所示。

步骤2：构建服务注册中心的 Docker 镜像。

1）修改服务注册中心的 pom.xml 文件，增加 Spotify 的 docker-maven-plugin 插件，提供使用 Maven 插件构建 Docker 镜像的功能。代码如下：

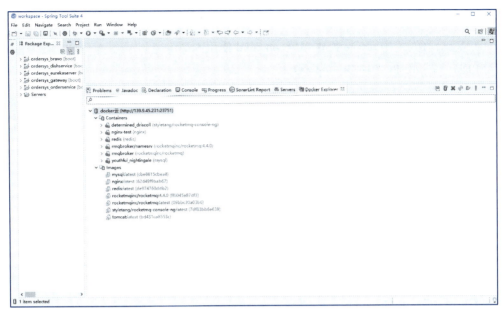

图 4-22 Docker Explore 视图

```
<build>
    <finalName>eurekaserver</finalName>
    <plugins>
        <plugin>
            <groupId>org. springframework. boot</groupId>
            <artifactId>spring-boot-maven-plugin</artifactId>
        </plugin>
        <plugin>
            <groupId>com. spotify</groupId>
            <artifactId>dockerfile-maven-plugin</artifactId>
            <version>1. 3. 6</version>
            <configuration>
                <buildArgs>
<JAR_FILE>target/ $ { project. build. finalName } . jar</JAR_FILE>
                </buildArgs>
            </configuration>
        </plugin>
    </plugins>
</build>
```

2）在项目根目录下，创建用来构建镜像的 Dockerfile 文件。编写命令如下：

```
###基础镜像,使用 alpine 操作系统,openjkd 使用 8u201
FROM openjdk:8u201-jdk-alpine3.9
#系统编码
ENV LANG=C.UTF-8 LC_ALL=C.UTF-8
#声明一个挂载点,容器内此路径会对应宿主机的某个文件夹
VOLUME /tmp
#构建成功的 jar 文件复制到镜像内,名称改成 app.jar
ADD target/eurekaserver.jar app.jar
#启动容器时的进程
ENTRYPOINT ["java","-jar","/app.jar"]
#暴露镜像端口
EXPOSE 8761
```

3）使用 Maven 打包服务注册中心，右击 ordersys_eurekaserver 项目，选择 Run As→Maven Install 命令，构建成功之后，可以看到 target 目录下生成 eurekaserver.jar 文件，如图 4-23 所示。

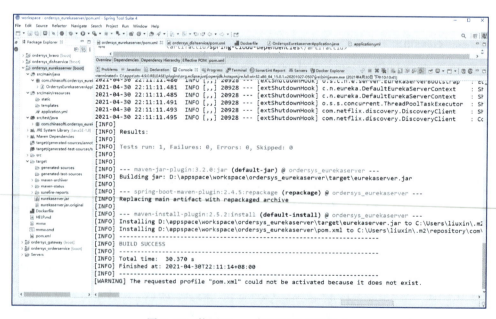

图 4-23　使用 Maven 打包服务注册中心

4）单击"启动"按钮后的三角符号，选择 Run Configuration 命令，如图 4-24 所示。

5）右击 Build Docker Image 项，选择 New Configuration 命令，如图 4-25 所示。

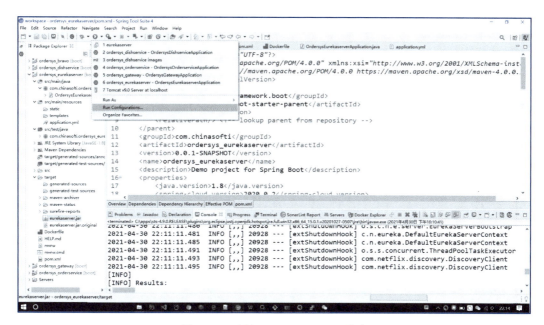

图 4-24　选择 Run Configuration 命令

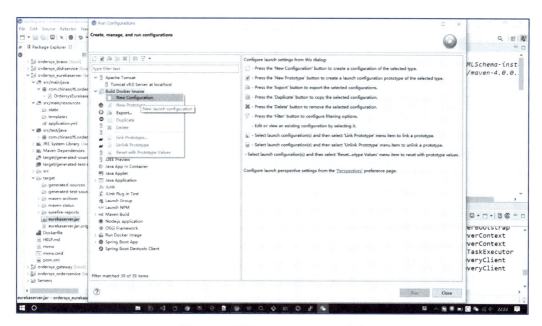

图 4-25　选择 New Configuration 命令

6）配置构建 Docker 镜像的服务端，其中 Name 为 eurekaserver，Docker Connection 选择步骤 1 中配置的 Docker 服务端"docker 云"，Build Context Path 选择"\ordersys_eurek-aserver"目录，Repository name 设置为 ordersys_eurekaserver，Dockerfile name 设置为前面创建的 Dockerfile 文件，如图 4-26 所示。

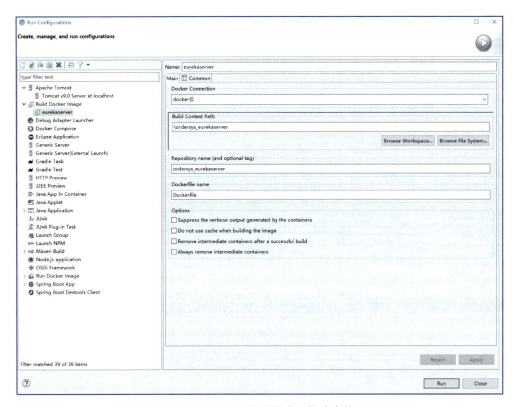

图 4-26   配置服务注册中心构建参数

7）单击 Run 按钮，显示构建成功，运行结果如图 4-27 所示。

图 4-27   服务注册中心构建成功

8）选择 Docker Explorer 视图，可以看到 ordersys_eurekaserver 镜像被成功创建，结果如图 4-28 所示。

图 4-28　服务注册中心镜像上传至仓库

步骤 3：构建菜品服务的 Docker 镜像。

1）修改菜品服务的 pom. xml 文件，增加 Spotify 的 docker-maven-plugin 插件。代码如下：

```xml
<build>
    <finalName>dishservice</finalName>
    <plugins>
        <plugin>
            <groupId>org. springframework. boot</groupId>
            <artifactId>spring-boot-maven-plugin</artifactId>
        </plugin>
        <plugin>
            <groupId>com. spotify</groupId>
            <artifactId>dockerfile-maven-plugin</artifactId>
            <version>1. 3. 6</version>
            <configuration>
                <buildArgs>

<JAR_FILE>target/ $ | project. build. finalName|. jar</JAR_FILE>
                </buildArgs>
            </configuration>
        </plugin>
```

```
        </plugins>
      </build>
```

2）修改菜品服务的 application. yml 文件，修改注册中心指向 Docker Server 容器。代码如下：

```
#指向注册中心地址
eureka：
  client：
    serviceUrl：
      defaultZone：http：//139.9.45.231：8761/eureka/
```

3）在项目根目录下，创建用来构建镜像的 Dockerfile 文件。编写命令如下：

```
###基础镜像,使用 alpine 操作系统,openjkd 使用 8u201
FROM openjdk：8u201-jdk-alpine3.9
#系统编码
ENV LANG=C.UTF-8 LC_ALL=C.UTF-8
#声明一个挂载点,容器内此路径会对应宿主机的某个文件夹
VOLUME /tmp
#构建成功的 jar 文件复制到镜像内,名称改成 app.jar
ADD target/dishservice.jar app.jar
#启动容器时的进程
ENTRYPOINT ["java","-jar","/app.jar"]
#暴露镜像端口
EXPOSE 8771
```

4）使用 Maven 打包菜品服务，右击 ordersys_dishservice 项目，选择 Run As→Maven Install 命令，构建成功之后，可以看到 target 目录下生成 dishservice. jar 文件，结果如图 4-29 所示。

5）配置构建 Docker 镜像的服务端，其中 Name 为 dishservice，Docker Connection 选择步骤 1 中配置的 Docker 服务端 "docker 云"，Build Context Path 选择 "\ordersys_eurekaserver" 目录，Repository name 设置为 ordersys_dishservice，Dockerfile name 设置为前面创建的 Dockerfile，如图 4-30 所示。

6）单击 Run 按钮，运行完成后选择 Docker Explorer 视图，可以看到 ordersys_dishservice 镜像被成功创建，结果如图 4-31 所示。

图 4-29　使用 Maven 打包菜品服务

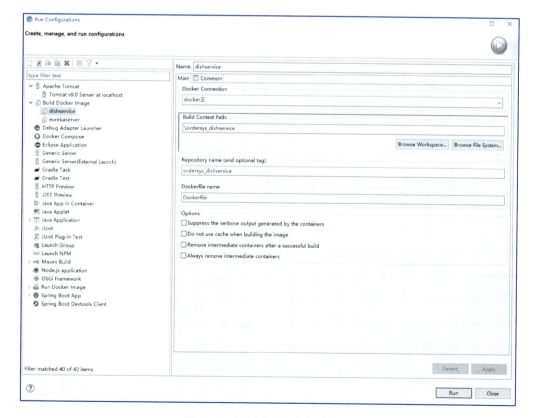

图 4-30　配置菜品服务构建参数

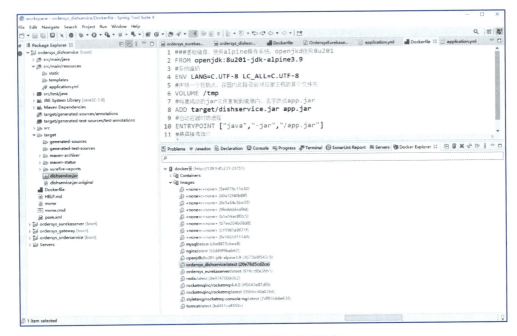

图 4-31 菜品镜像上传至仓库

知识小结 【对应证书技能】

本任务使用 Spotify 公司开发的 docker-maven-plugin 插件对 Spring Boot 项目构建 Docker 镜像，使用该插件需要有一个安装好的 Docker 运行环境。本任务中使用 CentOS 系统下安装的 Docker 服务，构建镜像的核心任务分为以下 3 个步骤：

1）在 pom.xml 文件中引入 dockerfile-maven-plugin 插件，并配置该插件。

2）编写 Dockerfile 文件。

3）构建 Docker 镜像并推送到 Docker 仓库中。

本任务知识技能点与等级证书技能的对应关系见表 4-10。

表 4-10 任务 4.7 知识技能点与等级证书技能对应

任务 4.7 知识技能点		对应证书技能			
知识点	技能点	工作领域	工作任务	职业技能要求	等级
1. Java 项目构建 Docker 镜像	1. 将 Spring Boot 项目构建成 Docker 镜像	1. 容器管理	1.2 容器镜像制作	1.2.1 能使用 Dockerfile 来定制一个构建镜像	高级

拓展练习

参照本任务中的步骤 3，分别构建订单服务和网关服务的 Docker 镜像。

任务 4.8　完成系统的容器化部署

任务描述

本任务将链路追踪系统、服务注册中心、网关、菜品和订单服务实现容器化部署。

知识准备

容器化部署是指将应用整合到容器中并且运行起来的过程，容器能够简化应用的构建、部署和运行过程。简单地说，就是将 Java 项目和依赖包打成一个带有操作指令的镜像文件，然后在服务器创建一个容器，让镜像在容器内运行，从而实现项目的部署。

针对 Spring Boot 项目的容器化部署，主要分为以下几个步骤：

1）项目创建 Dockerfile 文件。

2）打包并构建项目的 Docker 镜像。

3）将项目镜像上传到 Docker 仓库。

4）使用"docker run"命令运行项目容器，完成部署。

任务实施

步骤 1：使用 Docker 容器部署 Zipkin 服务端。

1）使用 Putty 登录到 CentOS 服务器，执行命令"docker pull openzipkin/zipkin:latest"，拉取 Zipkin 镜像，结果如图 4-32 所示。

```
[root@ecs-9729 ~]# docker pull openzipkin/zipkin:latest
latest: Pulling from openzipkin/zipkin
85c4faba369c: Pull complete
ab3ad91c6210: Pull complete
f1b5a7ad9eac: Pull complete
b537b11d70b5: Pull complete
a950eaa7714c: Pull complete
40c09f4d3bf5: Pull complete
d7ab6ba0c34d: Pull complete
4b755abb84fe: Pull complete
d4d046ad588d: Pull complete
Digest: sha256:1ae0572be3d26fd9ab3fd2da5e8feaa0ca0078dbc31e2ddfb881b1a56bc332b1
Status: Downloaded newer image for openzipkin/zipkin:latest
docker.io/openzipkin/zipkin:latest
[root@ecs-9729 ~]#
```

图 4-32　拉取 Zipkin 镜像

2）执行"docker images"命令，查看镜像，结果如图 4-33 所示。

3）执行"docker run --name ordersys-zipkin -d -p 9411:9411 9b4acc3eb019"命令，

启动 Zipkin 服务器，其中 9b4acc3eb019 是上面查询到的 Zipkin 的镜像 ID。另外，如果使用的是华为云等云服务器，需要配置网络安全组，开放 9411 端口，结果如图 4-34 所示。

```
[root@ecs-9729 ~]# docker images
REPOSITORY                      TAG                IMAGE ID         CREATED         SIZE
ordersys_dishservice            latest             20e78d5cd2ca     17 hours ago    152MB
<none>                          <none>             b7ee204b08d8     17 hours ago    152MB
ordersys_eurekaserver           latest             916ccf8e36b1     18 hours ago    153MB
<none>                          <none>             9fede0deaf44     19 hours ago    153MB
<none>                          <none>             5e4878c15e30     19 hours ago    153MB
<none>                          <none>             b5a59ac8f2c5     23 hours ago    105MB
<none>                          <none>             c19561a9671f     24 hours ago    105MB
<none>                          <none>             60a72f40b8ff     24 hours ago    105MB
<none>                          <none>             6e5a34c3be35     24 hours ago    105MB
<none>                          <none>             fa1602d11140     24 hours ago    105MB
nginx                           latest             62d49f9bab67     2 weeks ago     133MB
tomcat                          latest             bd431ca8553c     2 weeks ago     667MB
redis                           latest             de974760ddb2     2 weeks ago     105MB
mysql                           latest             cbe8815cbea8     3 weeks ago     546MB
openzipkin/zipkin               latest             9b4acc3eb019     4 months ago    150MB
openjdk                         8u201-jdk-alpine3.9 3675b9f543c5    2 years ago     105MB
rocketmqinc/rocketmq            4.4.0              ff0045e87df3     2 years ago     385MB
rocketmqinc/rocketmq            latest             09bbc30a03b6     2 years ago     380MB
styletang/rocketmq-console-ng   latest             7df83bb6e638     2 years ago     702MB
[root@ecs-9729 ~]#
```

图 4-33　查看镜像

```
[root@ecs-9729 ~]# docker run --name ordersys-zipkin -d -p 9411:9411 9b4acc3eb019
ee7b0e190db380c180d9949a75512b76363d96fef9facc0dab499e8646e8542b
[root@ecs-9729 ~]#
```

图 4-34　运行 Zipkin 容器

4）访问 Zipkin，打开浏览器，输入地址"http://公网 IP 地址：9411/zipkin/"，结果如图 4-35 所示。

图 4-35　访问 Zipkin

5）修改全部服务的 application.yml 文件，将 Zipkin 服务端地址指向 "http://139.9.45.231:9411/zipkin/"，否则无法实现链路追踪。命令如下：

```
zipkin：
    base-url：http://139.9.45.231:9411/
```

步骤 2：使用 Docker 容器部署服务中心。

1）执行 "docker images" 命令，查看镜像，结果如图 4-36 所示。

```
[root@ecs-9729 ~]# docker images
REPOSITORY                         TAG                IMAGE ID        CREATED         SIZE
ordersys_dishservice               latest             20e78d5cd2ca    18 hours ago    152MB
<none>                             <none>             b7ee204b08d8    18 hours ago    152MB
ordersys_eurekaserver              latest             916ccf8e36b1    18 hours ago    153MB
<none>                             <none>             9fede0deaf44    19 hours ago    153MB
<none>                             <none>             5e4878c15e30    20 hours ago    153MB
<none>                             <none>             b5a59ac8f2c5    24 hours ago    105MB
<none>                             <none>             c19561a9671f    24 hours ago    105MB
<none>                             <none>             60a72f40b8ff    24 hours ago    105MB
<none>                             <none>             6e5a34c3be35    24 hours ago    105MB
<none>                             <none>             fa1602d11140    25 hours ago    105MB
nginx                              latest             62d49f9bab67    2 weeks ago     133MB
tomcat                             latest             bd431ca8553c    2 weeks ago     667MB
redis                              latest             de974760ddb2    2 weeks ago     105MB
mysql                              latest             cbe8815cbea8    3 weeks ago     546MB
openzipkin/zipkin                  latest             9b4acc3eb019    4 months ago    150MB
openjdk                            8u201-jdk-alpine3.9  3675b9f543c5  2 years ago     105MB
rocketmqinc/rocket.mq              4.4.0              ff0045e87df3    2 years ago     385MB
rocketmqinc/rocketmq               latest             09bbc30a03b6    2 years ago     380MB
styletang/rocketmq-console-ng      latest             7df83bb6e638    3 years ago     702MB
[root@ecs-9729 ~]#
```

图 4-36 查看镜像

2）执行 "docker run --name ordersys_eurekaserver -d -p 8761:8761 916ccf8e36b1" 命令，启动服务注册中心，结果如图 4-37 所示。

```
[root@ecs-9729 ~]# docker run --name ordersys_eurekaserver -d -p 8761:8761 916ccf8e36b1
5d485ec2280a9e4d12077e85b11419dd49f787eca59aeccedde9882cfc331fa3
[root@ecs-9729 ~]#
```

图 4-37 启动服务注册中心

3）打开浏览器，输入地址 "http://139.9.45.231:8761/"，结果如图 4-38 所示。

4）修改全部服务的 application.yml 文件，将注册中心地址指向地址 "http://139.9.45.231:8761/eureka/"，然后重新构建镜像。代码如下：

```
#指向注册中心地址
eureka：
  client：
    serviceUrl：
      defaultZone：http://139.9.45.231:8761/eureka/
  instance：
```

#以 IP 地址注册到服务中心,相互注册使用 IP 地址

prefer-ip-address:true

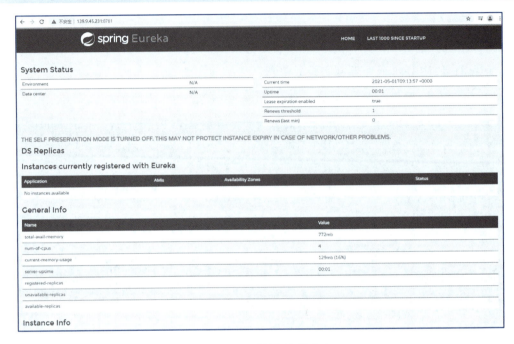

图 4-38   查看服务注册中心

步骤 3:使用 Docker 容器部署菜品服务。

1)执行"docker images"命令,查看镜像,结果如图 4-39 所示。

```
[root@ecs-9729 ~]# docker images
REPOSITORY                        TAG                    IMAGE ID        CREATED          SIZE
ordersys_dishservice              latest                 e8a1063ddf23    47 seconds ago   152MB
<none>                            <none>                 20e78d5cd2ca    22 hours ago     152MB
<none>                            <none>                 b7ee204b08d8    23 hours ago     152MB
ordersys_eurekaserver             latest                 916ccf8e36b1    23 hours ago     153MB
<none>                            <none>                 9fede0deaf44    24 hours ago     153MB
<none>                            <none>                 5e4878c15e30    24 hours ago     153MB
<none>                            <none>                 b5a59ac8f2c5    28 hours ago     105MB
<none>                            <none>                 c1956la9671f    29 hours ago     105MB
<none>                            <none>                 60a72t40b8ff    29 hours ago     105MB
<none>                            <none>                 6e5a34c3be35    29 hours ago     105MB
<none>                            <none>                 fal602dl1140    29 hours ago     105MB
nginx                             latest                 62d49f9bab67    2 weeks ago      133MB
tomcat                            latest                 bd431ca8553c    2 weeks ago      667MB
redis                             latest                 de974760ddb2    2 weeks ago      105MB
mysql                             latest                 cbe8815cbea8    3 weeks ago      546MB
openzipkin/zipkin                 latest                 9b4acc3eb019    4 months ago     150MB
openjdk                           8u201-jdk-alpine3.9    3675b9f543c5    2 years ago      105MB
rocketmqinc/rocketmq              4.4.0                  ff0045e87df3    2 years ago      385MB
rocketmqinc/rocketmq              latest                 09bbc30a03b6    2 years ago      380MB
styletang/rocketmq-console-ng     latest                 7df83bb6e638    3 years ago      702MB
[root@ecs-9729 ~]#
```

图 4-39   查看镜像

2)执行"docker run --name ordersys_dishservice -d -p 8771:8771 e8a1063ddf23"命令启动菜品服务,其中 e8a1063ddf23 为 ordersys_dishservice 的镜像 ID,如图 4-40 所示。

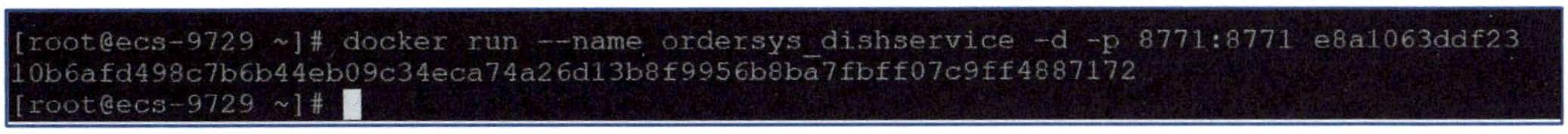

[root@ecs-9729 ~]# docker run --name ordersys_dishservice -d -p 8771:8771 e8a1063ddf23
10b6afd498c7b6b44eb09c34eca74a26d13b8f9956b8ba7fbff07c9ff4887172
[root@ecs-9729 ~]#

图 4-40　启动菜品服务

3）打开 Postman，访问接口“http://139.9.45.231:8771/admin/dishes/toprecommend”，成功返回数据，结果如图 4-41 所示。

Postman
My Workspace
Untitled Request
GET
http://139.9.45.231:8771/admin/dishes/toprecommend
Send
Save

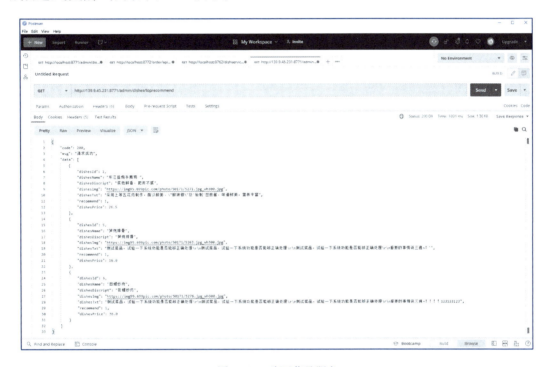

图 4-41　验证菜品服务

4）打开浏览器，输入地址“http://139.9.45.231:8761/”，看到 DISHSERVICE 已经注册到服务注册中心，如图 4-42 所示。

步骤 4：使用 Docker 容器部署网关服务。

1）执行“docker images”命令，查看镜像，结果如图 4-43 所示。

2）执行“docker run --name ordersys_gateway -d -p 8762:8762 08321d099afc”命令启动网关服务，其中 08321d099afc 为 ordersys_gateway 的镜像 ID，结果如图 4-44 所示。

3）打开浏览器，输入地址“http://139.9.45.231:8761/”，看到 GATEWAY 已经注册到注册中心，结果如图 4-45 所示。

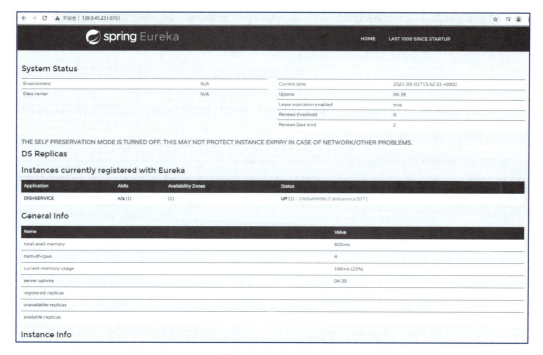

图 4-42 菜品服务注册到服务注册中心

```
[root@ecs-9729 ~]# docker images
REPOSITORY                      TAG                  IMAGE ID       CREATED          SIZE
ordersys_gateway                latest               08321d099afc   6 minutes ago    147MB
ordersys_dishservice            latest               e8a1063ddf23   26 minutes ago   152MB
<none>                          <none>               20e78d5cd2ca   23 hours ago     152MB
<none>                          <none>               b7ee204b08d8   23 hours ago     152MB
ordersys_eurekaserver           latest               916ccf8e36b1   23 hours ago     153MB
<none>                          <none>               9fede0deaf44   24 hours ago     153MB
<none>                          <none>               5e4878c15e30   25 hours ago     153MB
<none>                          <none>               b5a59ac8f2c5   29 hours ago     105MB
<none>                          <none>               c19561a9671f   29 hours ago     105MB
<none>                          <none>               60a72f40b8ff   29 hours ago     105MB
<none>                          <none>               6e5a34c3be35   29 hours ago     105MB
<none>                          <none>               fa1602d11140   30 hours ago     105MB
nginx                           latest               62d49f9bab67   2 weeks ago      133MB
tomcat                          latest               bd431ca8553c   2 weeks ago      667MB
redis                           latest               de974760ddb2   2 weeks ago      105MB
mysql                           latest               cbe8815cbea8   3 weeks ago      546MB
openzipkin/zipkin               latest               9b4acc3eb019   4 months ago     150MB
openjdk                         8u201-jdk-alpine3.9  3675b9f543c5   2 years ago      105MB
rocketmqinc/rocketmq            4.4.0                ff0045e87df3   2 years ago      385MB
rocketmqinc/rocketmq            latest               09bbc30a03b6   2 years ago      380MB
styletang/rocketmq-console-ng   latest               7df83bb6e638   3 years ago      702MB
[root@ecs-9729 ~]#
```

图 4-43 查看镜像

```
[root@ecs-9729 ~]# docker run --name ordersys_gateway -d -p 8762:8762 08321d099afc
e92be54131408ff0a93ebe7e83a44666f27ad7c808f179744b85c6aedfe37e66
[root@ecs-9729 ~]#
```

图 4-44 启动网关服务

4) 打开 Postman，访问接口 "http://139.9.45.231:8762/dishservice/admin/dishes/to-precommend"，成功返回数据代表网关部署成功，结果如图 4-46 所示。

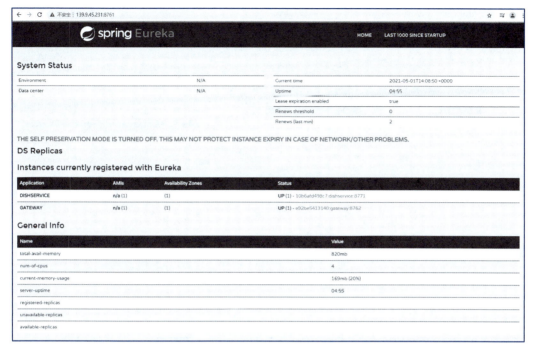

图 4-45　网关服务注册到服务注册中心

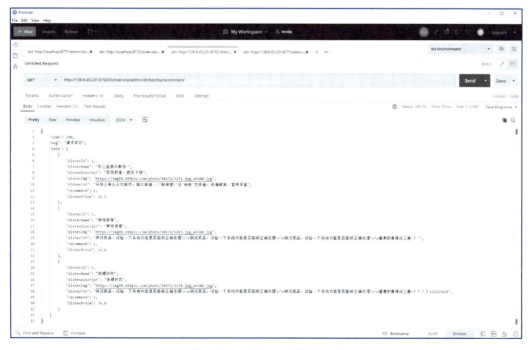

图 4-46　网关中转到菜品服务

5）打开浏览器，访问"http://139.9.45.231:9411/zipkin/"链路追踪系统，查询"serviceName=dishservice"，结果如图 4-47 所示。

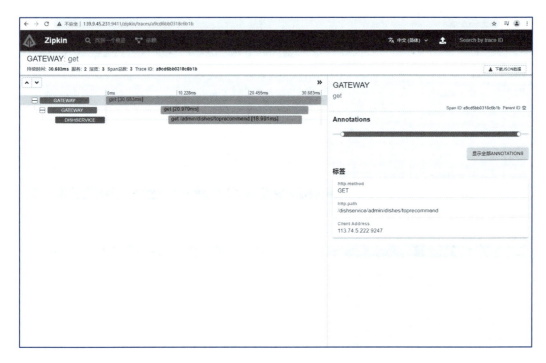

图 4-47　验证网关服务

知识小结　【对应证书技能】

本任务主要实现了两种应用服务的部署，一种是 Zipkin 第三方服务的部署，另一种是餐厅点餐系统应用服务的部署。

1）第三方服务服务的部署，如 Zipkin 服务部署，首先使用"docker pull"命令拉取 Zipkin 镜像，然后使用"docker run"命令运行 Zipkin 容器提供服务。

2）餐厅点餐系统应用服务的部署，直接使用"docker run"命令运行 Docker 仓库中的镜像即可。注意，在运行容器时使用"-p"参数设置容器端口映射宿主机端口。

本任务知识技能点与等级证书技能的对应关系见表 4-11。

表 4-11　任务 4.8 知识技能点与等级证书技能对应

任务 4.8 知识技能点		对应证书技能			
知识点	技能点	工作领域	工作任务	职业技能要求	等级
1. Docker 基础操作	1. 掌握 Docker 搜索、拉取、配置网络端口以及运行容器的操作	1. 容器管理	1.1 容器的安装与使用	1.1.2 熟练掌握搜索、拉取、列出 Docker 镜像 1.1.3 熟练掌握创建、运行 Docker 容器 1.1.4 熟练掌握网络配置和端口映射	高级

续表

任务 4.8 知识技能点		对应证书技能			
知识点	技能点	工作领域	工作任务	职业技能要求	等级
2. Java 程序部署到 Docker 容器	1. 掌握将应用程序部署到容器中	4. 系统部署与维护	4.1 系统部署	4.1.1 能够在 Linux 上安装容器化的运行环境，并将应用程序和数据库部署到容器中	高级

拓展练习

参照本任务中的步骤 3，使用 Docker 容器部署订单服务，并查看注册中心是否成功注册。

任务 4.9　完成 Nginx 负载配置

微课 4-9
完成 Nginx 负载配置

任务描述

本任务将使用 Docker 容器构建 Nginx 服务器，实现负载均衡功能。

知识准备

1. Nginx

Nginx 是轻量级 Web 服务器，它不仅是一个高性能的 HTTP 和反向代理服务器，同时也是一个 IMAP/POP3/SMTP 代理服务器。Nginx 以事件驱动的方式编写，有非常好的性能，也是一个非常高效的反向代理、负载平衡服务器。在性能上，Nginx 占用很少的系统资源，能支持更多的并发连接，达到更高的访问效率；在功能上，Nginx 是优秀的代理服务器和负载均衡服务器；在安装配置上，Nginx 安装简单、配置灵活。

Nginx 的轻巧、高性能和灵活性非常适合微服务。在微服务的体系之下，Nginx 正在被越来越多的项目作为网关、负载均衡使用。Nginx 只是一个静态文件服务器或者 HTTP 请求转发器，它可以把静态文件的请求直接返回静态文件资源，把动态文件的请求转发给后台的处理程序，如 Apache、Tomcat、Jetty 等，这些后台服务即使在没有 Nginx 的情况下也是可以直接访问的。Nginx 在微服务中的位置如图 4-48 所示。

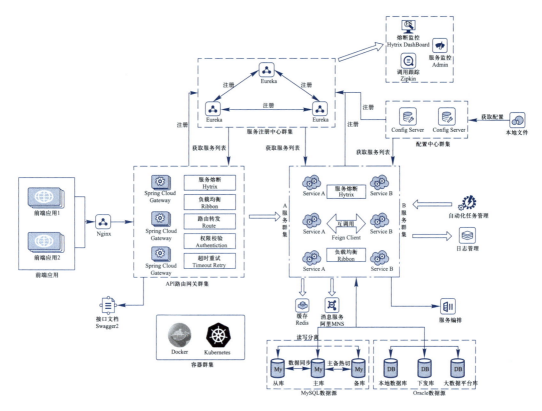

图 4-48　微服务架构

2. Docker 数据卷

Docker 的镜像是由多个只读文件系统叠加在一起形成的。当启动一个容器时，Docker 会加载这些只读层并在这些只读层的上面增加一个读写层。这时如果修改正在运行的容器中已有的文件，那么这个文件将会从只读层复制到读写层。此时，该文件的只读版本还在，只是被上面读写层的该文件的副本隐藏。当删除或者重新启动 Docker 时，之前的更改将会消失。在 Docker 中，只读层及在顶部的读写层的组合被称为联合文件系统。

为了更好地实现数据保存和数据共享，Docker 提出了 Volume 的概念，简单来说，就是绕过默认的联合文件系统，以正常的文件或者目录的形式存在于宿主机上，因此又被称作数据卷。在 Docker 中，要想实现数据的持久化，即数据不随着 Container 的结束而结束，以及为了保证宿主机与容器内部的数据同步，需要将数据从宿主机目录挂载到容器中。

任务实施

步骤 1：拉取 Nginx 镜像。

执行"docker pull nginx"命令，获取最新的 Nginx 镜像，结果如图 4-49 所示。

[root@ecs-9729 ~]# docker pull nginx
Using default tag: latest
latest: Pulling from library/nginx
Digest: sha256:75a55d33ecc73c2a242450a9f1cc858499d468f077ea942867e662c247b5e412
Status: Image is up to date for nginx:latest
docker.io/library/nginx:latest
[root@ecs-9729 ~]#

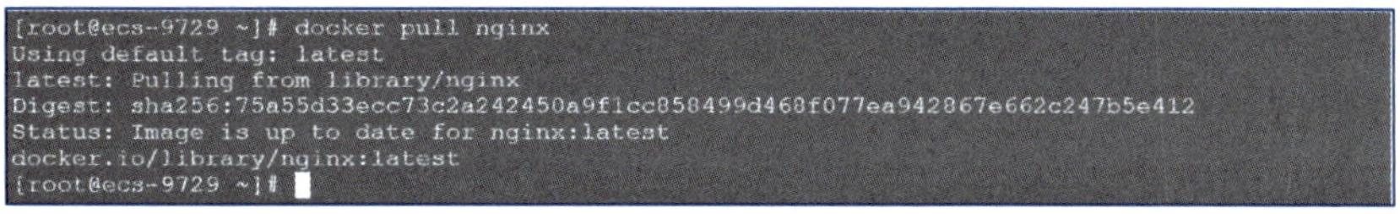

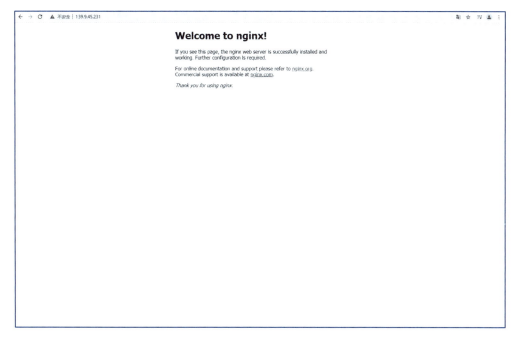

图 4-49　拉取 Nginx 镜像

步骤 2：启动 Nginx 容器实例。

1）执行“docker run --name ordersys-nginx -p 80:80 -d nginx”命令，使用 Nginx 默认的配置启动 Nginx 实例，结果如图 4-50 所示。

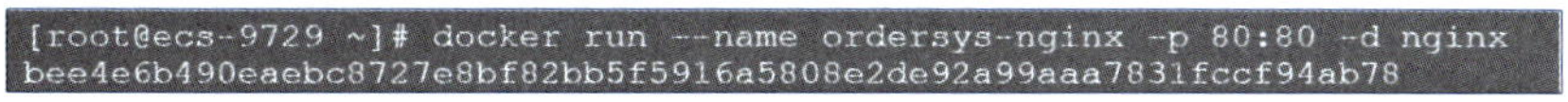

[root@ecs-9729 ~]# docker run --name ordersys-nginx -p 80:80 -d nginx
bee4e6b490eaebc8727e8bf82bb5f5916a5808e2de92a99aaa7831fccf94ab78

图 4-50　启动 Nginx 服务

2）打开浏览器，输入地址“http://139.9.45.231”，看到 Nginx 服务可以正常访问，结果如图 4-51 所示。

不安全 | 139.9.45.231
Welcome to nginx!
If you see this page, the nginx web server is successfully installed and working. Further configuration is required.
For online documentation and support please refer to nginx.org.
Commercial support is available at nginx.com.
Thank you for using nginx.

图 4-51　访问 Nginx 服务

步骤 3：映射本地目录到 nginx 容器。

1）执行“mkdir -p /home/nginx/www /home/nginx/logs /home/nginx/conf”命令，创建本地目录，用于存放 Nginx 的相关文件信息。其中：

① www 目录将映射为 Nginx 容器配置的虚拟目录。

② logs 目录将映射为 Nginx 容器的日志目录。

③ conf 目录中的配置文件将映射为 Nginx 容器的配置文件。

2）执行“docker ps”命令，获取 Nginx 的 Container ID 为 bee4e6b490ea，结果如图 4-52 所示。

```
[root@ecs-9729 ~]# docker ps
CONTAINER ID   IMAGE                         COMMAND                  CREATED          STATUS                  PORTS
                   NAMES
bee4e6b490ea   nginx                         "/docker-entrypoint.…"   6 minutes ago    Up 6 minutes            0.0.0.0:80->80/tcp, :::80->80/tcp
                   ordersys-nginx
6c088cabbdaf   1c6ce25b2d54                  "java -jar /app.jar"     4 hours ago      Up 4 hours              0.0.0.0:8763->8762/tcp, :::8763->8762/tcp
                   ordersys_gateway2
d6e3725df4f1   177598700b20                  "java -jar /app.jar"     40 hours ago     Up 40 hours             0.0.0.0:8762->8762/tcp, :::8762->8762/tcp
                   ordersys_gateway
ebe0f80f6bb0   062feedb3a68                  "java -jar /app.jar"     40 hours ago     Up 40 hours             0.0.0.0:8771->8771/tcp, :::8771->8771/tcp
                   ordersys_dishservice
9faca7e77a2f   865db0abe38c                  "java -jar /app.jar"     40 hours ago     Up 40 hours             0.0.0.0:8761->8761/tcp, :::8761->8761/tcp
                   ordersys_eurekaserver
ee7b0e190db3   9b4acc3eb019                  "start-zipkin"           46 hours ago     Up 46 hours (healthy)   9410/tcp, 0.0.0.0:9411->9411/tcp, :::9411->9411/
                   ordersys-zipkin
4a815f9b26a6   rocketmqinc/rocketmq          "sh mqbroker -n 139.…"   4 days ago       Up 28 hours             0.0.0.0:10909->10909/tcp, :::10909->10909/tcp, 9
10911->10911/tcp   rmqbroker
1d2c098acb3b   rocketmqinc/rocketmq:4.4.0    "sh mqnamesrv -n 139…"   4 days ago       Up 28 hours             10909/tcp, 0.0.0.0:9876->9876/tcp, :::9876->9876
                   rmqnamesrv
```

图 4-52 查看 docker 镜像

3）执行“docker cp bee4e6b490ea:/etc/nginx/nginx. conf /home/nginx/conf/”命令，复制容器内 Nginx 默认配置文件 nginx. conf 到“/home/nginx/conf/”目录，如图 4-53 所示。

```
[root@ecs-9729 ~]# docker cp bee4e6b490ea:/etc/nginx/nginx.conf /home/nginx/conf/
[root@ecs-9729 ~]# cd /home/nginx/conf/
[root@ecs-9729 conf]# pwd
/home/nginx/conf
[root@ecs-9729 conf]# ls
nginx.conf
[root@ecs-9729 conf]#
```

图 4-53 复制容器文件

4）停止并删除 Nginx 容器。执行命令如下：

```
docker stop ordersys-nginx
docker rm ordersys-nginx
```

步骤 4：启动第二个网关服务。

1）执行“docker run --name ordersys_gateway2 -d -p 8763:8762 1c6ce25b2d54”命令，启用第二个网关服务，用于配置 Nnigx 的负载均衡实现，其中 1c6ce25b2d54 为网关镜像 Image ID，“-p 8763:8762”表示将容器的 8762 号端口映射到主机的 8763 号端口，结果如图 4-54 所示。

```
[root@ecs-9729 ~]# docker run --name ordersys_gateway2 -d -p 8763:8762 1c6ce25b2d54
6c088dab5daf3c5f421b4496e2b5665667212411fe83e667298ede8679bfd33e
```

图 4-54 启动网关

2）执行“docker ps”命令，可以看到有两个网关服务，分别映射主机端口号为 8762 和 8763，结果如图 4-55 所示。

步骤 5：配置本地 Nignx 文件。

执行“vim /home/nginx/conf/nginx. conf”命令，修改 Nginx 配置，在 http 中增加

upstream 负载模块，该模块提供一个简单方法来实现轮询和客户端 IP 之间的后端服务器负荷平衡，通过设置 Server 跳转服务器地址，实现 weight 轮询权重的负载均衡算法。代码如下：

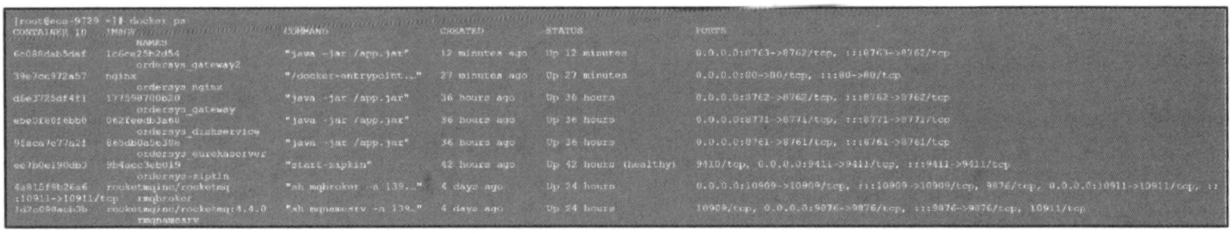

图 4-55　查看网关信息

```
http {
    ...
    upstream sysorder. balance {
        server 139. 9. 45. 231:8762 weight = 1;
        server 139. 9. 45. 231:8763 weight = 1;
    }
    server {
        listen          80;
        server_name     139. 9. 45. 231;
        location / {
            root      html;
            index  index. html index. htm;
            #访问映射
            proxy_pass      http://sysorder. balance;
        }
        error_page      500 502 503 504    /50x. html;
        location = /50x. html {
            root      html;
        }
    }
}
```

步骤 6：挂载配置文件，启动 Nginx 容器。

执行启动 Nginx 容器命令，其中 Docker 启动时可以用"-v"完成配置文件的挂载。

代码如下：

```
docker run --rm -d -p 80:80 --name sysorder-nginx \
-v /home/nginx/www:/usr/share/nginx/html \
-v /home/nginx/conf/nginx.conf:/etc/nginx/nginx.conf \
-v /home/nginx/logs:/var/log/nginx \
nginx
```

步骤7：验证Nginx负载均衡功能。

1）打开Postman，访问接口"http://139.9.45.231/dishservice/admin/dishes/toprecommend"，成功返回数据，表示Nginx成功跳转到网关，结果如图4-56所示。

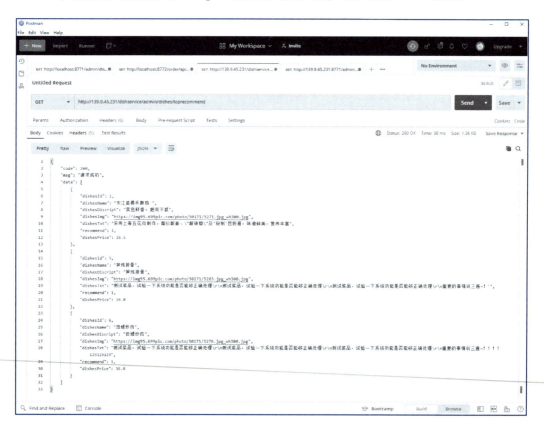

图4-56 Nginx成功跳转到网关

2）重复上一步骤几次，再访问Zipkin，打开浏览器，输入地址"http://139.9.45.231:9411/zipkin/"，结果如图4-57所示。

3）单击SHOW按钮查看细节，可以看到Nginx是按照1:1的权重分配不同的网关服务响应请求，如图4-58所示。

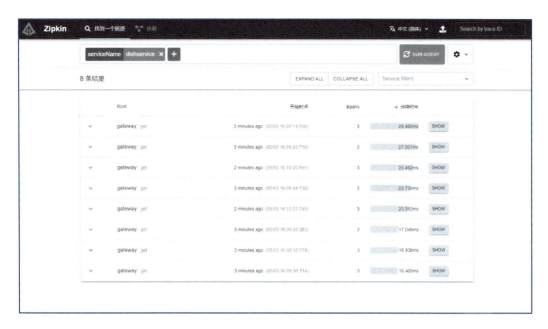

图 4-57 访问 Zipkin 服务

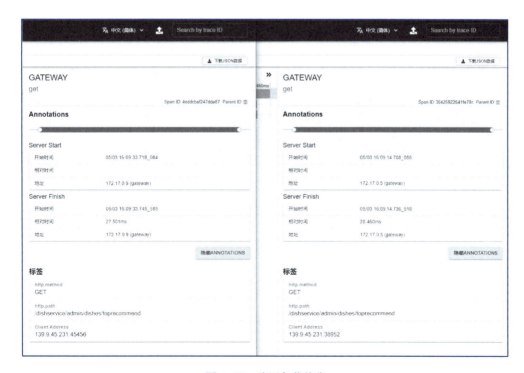

图 4-58 验证负载均衡

4）执行 top 命令，监控 Linux 的系统状况，实时显示系统中各个进程的资源占用情况，结果如图 4-59 所示。

```
[root@ecs-9729 ~]# top
top - 17:07:13 up 17 days, 23:37,  4 users,  load average: 0.15, 0.08, 0.06
Tasks: 147 total,   1 running, 146 sleeping,   0 stopped,   0 zombie
%Cpu(s):  0.7 us,  0.7 sy,  0.0 ni, 98.6 id,  0.1 wa,  0.0 hi,  0.0 si,  0.0 st
KiB Mem : 16265804 total,  4043908 free,  6569608 used,  5652288 buff/cache
KiB Swap:        0 total,        0 free,        0 used.  9340128 avail Mem

   PID USER      PR  NI    VIRT    RES    SHR S  %CPU %MEM     TIME+ COMMAND
 23231 root      20   0 5377212 328916  14892 S   1.7  2.0  25:33.70 java
   682 root      20   0 7056816 143372  14776 S   0.3  0.9  16:04.73 java
  1024 root      20   0 5830584   1.3g   9284 S   0.3  8.2  11:09.94 java
 19095 root      20   0  709276  98860  33372 S   0.3  0.6   5:02.79 dockerd
 22050 root      20   0  676336  50384  17212 S   0.3  0.3  64:51.26 containerd
 26602 root      20   0  113364  12716   4608 S   0.3  0.1   2:52.68 containerd-shim
     1 root      20   0  191188   4132   2616 S   0.0  0.0   0:39.86 systemd
     2 root      20   0       0      0      0 S   0.0  0.0   0:00.01 kthreadd
     4 root       0 -20       0      0      0 S   0.0  0.0   0:00.00 kworker/0:0H
     6 root      20   0       0      0      0 S   0.0  0.0   0:01.36 ksoftirqd/0
     7 root      rt   0       0      0      0 S   0.0  0.0   0:00.30 migration/0
     8 root      20   0       0      0      0 S   0.0  0.0   0:00.00 rcu_bh
     9 root      20   0       0      0      0 S   0.0  0.0   3:37.01 rcu_sched
    10 root       0 -20       0      0      0 S   0.0  0.0   0:00.00 lru-add-drain
    11 root      rt   0       0      0      0 S   0.0  0.0   0:03.80 watchdog/0
    12 root      rt   0       0      0      0 S   0.0  0.0   0:03.39 watchdog/1
    13 root      rt   0       0      0      0 S   0.0  0.0   0:01.16 migration/1
    14 root      20   0       0      0      0 S   0.0  0.0   0:01.58 ksoftirqd/1
    16 root       0 -20       0      0      0 S   0.0  0.0   0:00.00 kworker/1:0H
    17 root      rt   0       0      0      0 S   0.0  0.0   0:02.84 watchdog/2
    18 root      rt   0       0      0      0 S   0.0  0.0   0:00.26 migration/2
    19 root      20   0       0      0      0 S   0.0  0.0   0:01.27 ksoftirqd/2
    21 root       0 -20       0      0      0 S   0.0  0.0   0:00.00 kworker/2:0H
    22 root      rt   0       0      0      0 S   0.0  0.0   0:03.40 watchdog/3
    23 root      rt   0       0      0      0 S   0.0  0.0   0:01.22 migration/3
    24 root      20   0       0      0      0 S   0.0  0.0   0:01.59 ksoftirqd/3
    26 root       0 -20       0      0      0 S   0.0  0.0   0:00.00 kworker/3:0H
    28 root      20   0       0      0      0 S   0.0  0.0   0:00.00 kdevtmpfs
    29 root       0 -20       0      0      0 S   0.0  0.0   0:00.00 netns
    30 root      20   0       0      0      0 S   0.0  0.0   0:00.66 khungtaskd
    31 root       0 -20       0      0      0 S   0.0  0.0   0:00.00 writeback
    32 root       0 -20       0      0      0 S   0.0  0.0   0:00.00 kintegrityd
    33 root       0 -20       0      0      0 S   0.0  0.0   0:00.00 bioset
    34 root       0 -20       0      0      0 S   0.0  0.0   0:00.00 bioset
    35 root       0 -20       0      0      0 S   0.0  0.0   0:00.00 bioset
    36 root       0 -20       0      0      0 S   0.0  0.0   0:00.00 kblockd
    37 root       0 -20       0      0      0 S   0.0  0.0   0:00.00 md
    38 root       0 -20       0      0      0 S   0.0  0.0   0:00.00 edac-poller
    39 root       0 -20       0      0      0 S   0.0  0.0   0:00.00 watchdogd
    46 root      20   0       0      0      0 S   0.0  0.0   0:00.00 kswapd0
    47 root      25   5       0      0      0 S   0.0  0.0   0:00.00 ksmd
    48 root      39  19       0      0      0 S   0.0  0.0   0:07.20 khugepaged
    49 root       0 -20       0      0      0 S   0.0  0.0   0:00.00 crypto
    57 root       0 -20       0      0      0 S   0.0  0.0   0:00.00 kthrotld
    59 root       0 -20       0      0      0 S   0.0  0.0   0:00.00 kmpath_rdacd
    60 root       0 -20       0      0      0 S   0.0  0.0   0:00.00 kaluad
    62 root       0 -20       0      0      0 S   0.0  0.0   0:00.00 kpsmoused
    64 root       0 -20       0      0      0 S   0.0  0.0   0:00.00 ipv6_addrconf
    77 root       0 -20       0      0      0 S   0.0  0.0   0:00.00 deferwq
   169 root      20   0       0      0      0 S   0.0  0.0   0:00.51 kauditd
   258 root       0 -20       0      0      0 S   0.0  0.0   0:00.00 ata_sff
```

图 4-59　top 命令执行结果

知识小结 【对应证书技能】

在微服务架构中，常使用 Nginx 服务器的负载均衡功能。本任务使用 Docker 容器构建 Nginx 服务器，然后将容器中的 nginx.conf 配置文件通过 "docker cp" 命令复制到本地目录，编辑 nginx.conf 配置文件，增加 upstream 负载模块来实现负载均衡，最后使用 "docker -v" 命令将配置好的文件挂载到启动的 Nginx 服务器中。

本任务知识技能点与等级证书技能的对应关系见表 4-12。

表 4-12　任务 4.9 知识技能点与等级证书技能对应

任务 4.9 知识技能点		对应证书技能			
知识点	技能点	工作领域	工作任务	职业技能要求	等级
1. Nginx 负载均衡	1. 使用 Nginx 负载均衡功能	4. 系统部署与维护	4.1 系统部署	4.1.3 能够搭建集群化 Nginx 运行环境以实现负载均衡	高级
2. Linux 系统监控	1. 掌握 Linux 系统的监控命令		4.2 运维与监控	4.2.1 能使用 Linux 基本监控命令 top 等监控 CPU、网络和 I/O 情况	

任务 4.10　编制系统部署手册

微课 4-10
编制系统部署手册

任务描述

本任务主要对微服务架构系统的安装部署、运行过程中可能存在的问题以及实时维护进行描述。

知识准备

微服务架构系统涉及的技术知识面及领域范围较广，运维人员在对微服务架构的系统进行安装部署时往往存在操作难度大、部署时间长等问题。微服务架构系统部署手册主要是描述系统整体部署结构、部署所需的软件环境、中间件需求以及系统的安装部署和运行验证等内容，方便运维人员快速部署系统。

任务实施

步骤 1：系统概述。

基于微服务架构的点餐系统采用 Spring Boot 技术开发，基本的架构如图 4-60 所示。

1）使用 Nginx 基于负载均衡将前端请求转发到 Spring Cloud Gateway 网关。

2）使用 Spring Cloud Gateway 网关根据服务名配置转发请求到业务服务。

3）全部服务都注册到服务注册中心。

4）使用 Zipkin 服务构建链路追踪系统。

5）使用 Docker 镜像构建 MySQL、Redis 和 RocketMQ 中间件服务。

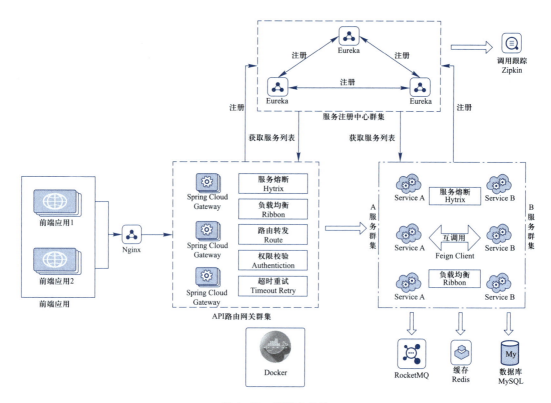

图 4-60　微服务架构

步骤 2：部署环境准备。

硬件要求：4vCPUs，16 GB 内存，250 GB 硬盘。

操作系统：CentOS 7.6 64 bit。

必备软件环境：JDK 1.8，Docker Server。

步骤 3：部署中间件服务。

1）执行 Docker 命令，使用 MySQL 镜像构建 MySQL 服务。

2）执行 Docker 命令，使用 Redis 镜像构建 Redis 服务。

3）执行 Docker 命令，使用 RocketMQ 镜像构建 RocketMQ 服务。

4）执行 Docker 命令，使用 Nginx 镜像构建 Nginx 服务。

5）执行 Docker 命令，使用 Zipkin 镜像构建 Zipkin 服务。

步骤 4：构建微服务镜像。

使用 STS 的 Eclipse Docker Tooling 插件构建并推送下面镜像到 Docker 服务端。

1）构建服务注册中心镜像。

2）构建网关镜像。

3）构建菜品服务镜像。

4）构建订餐服务镜像。

5）构建用户服务镜像。

步骤 5：部署微服务。

1）前端项目使用项目 3 部分的代码部署。

2）使用 Docker 命令或者在 STS 的 Docker Explore 视图下启动步骤 4 中的 Docker 容器。

步骤 6：验证部署是否完成。

1）验证服务注册中心。打开浏览器，输入地址"http://公网 IP 地址:8761/"，查看服务列表，结果如图 4-61 所示。

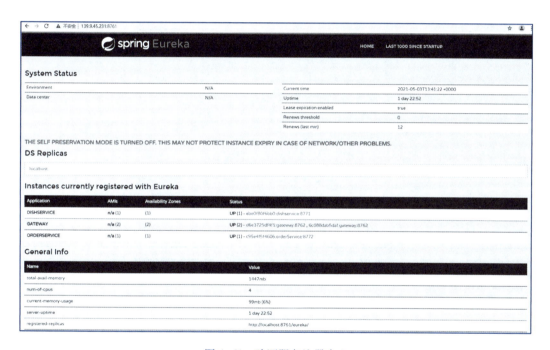

图 4-61　验证服务注册中心

2）访问服务接口，返回业务数据。验证请求订单服务，打开 Postman，访问接口"http://139.9.45.231/orderservice/order/api/get? dishesId = 1"，成功返回数据，结果如图 4-62 所示。

3）验证 Zipkin 链路追踪功能。打开浏览器，输入地址"http://公网 IP 地址: 9411/zipkin/"，验证上面的调用链过程，通过 Nginx 负载均衡分发到 Gateway 网关服务，订单服务调用菜品服务并返回数据，结果如图 4-63 所示。

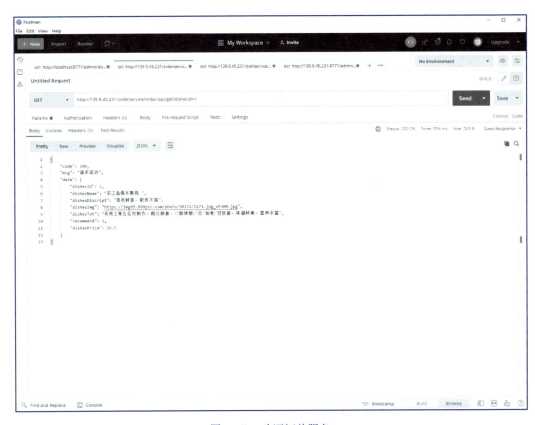

图 4-62 验证订单服务

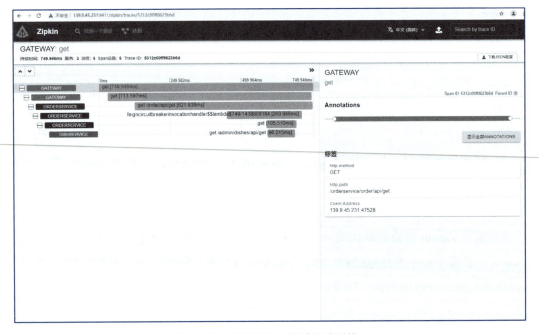

图 4-63 验证 Zipkin 链路追踪系统

知识小结　【对应证书技能】

本任务是实现基于微服务架构系统的容器化部署，是对任务 4.7 和任务 4.8 的综合性应用。编写部署手册核心内容如下：

1）描述系统的架构图。

2）基于系统部署需求准备环境。

3）根据官方提供的 Docker 镜像构建中间件服务，如 MySQL、Redis、Nginx 等。

4）根据微服务项目生成镜像启动容器。

5）验证部署是否成功。

本任务知识技能点与等级证书技能的对应关系见表 4-13。

表 4-13　任务 4.10 知识技能点与等级证书技能对应

任务 4.10 知识技能点		对应证书技能			
知识点	技能点	工作领域	工作任务	职业技能要求	等级
1. Java 项目构建 Docker 镜像	1. 将 Spring Boot 项目构建成 Docker 镜像	1. 容器管理	1.2 容器镜像制作	1.2.1 能使用 Dockerfile 来定制一个构建镜像	高级
2. Docker 基础操作	2. 掌握 Docker 搜索、拉取，配置网络端口，以及运行容器的操作		1.1 容器的安装与使用	1.1.2 熟练掌握搜索、拉取、列出 Docker 镜像 1.1.3 熟练掌握创建、运行 Docker 容器 1.1.4 熟练掌握网络配置和端口映射	

项目总结

本项目主要分为微服务的开发和微服务的部署两部分：第 1 部分是任务 4.1~任务 4.6，实现了微服务的开发工作；第 2 部分是任务 4.7~任务 4.10，实现了微服务的部署工作。

1）微服务的开发：任务 4.1 主要完成了基于微服务架构的设计工作，学习如何定义系统操作和定义服务，掌握服务接口的设计工作；任务 4.2 使用 Eureka Server 框架完成服务注册中心的构建；任务 4.3 和任务 4.4 主要使用 Eureka Client、Feign 和 Hystrix 框架完成菜品、订单等业务服务以及服务之间的调用和熔断处理；任务 4.5 使用 Spring Cloud Gateway 框架实现了系统的网关路由功能；任务 4.6 使用 Zipkin 结合 Sleuth 实现可视化的链路追踪系统。

2）微服务的部署：任务 4.7 完成了使用 docker-maven-plugin 插件，编写 Dockerfile 文件生成服务镜像的工作；任务 4.8 使用 Docker 命令完成各个服务的部署；任务 4.9 完成了基于 Nginx 服务实现负载均衡功能；任务 4.10 完成系统的微服务部署手册。

完成本项目的学习，应当掌握基于 Spring Cloud 微服务架构的开发、调试和部署操作，提升项目工程的实践能力。

文本：参考答案

课后练习

一、选择题

1. 下列不是 Spring Cloud Netflix 核心组件的是（　　　）。

A. dubbo

B. Eureka

C. Feign

D. Hystrix

2. 下列（　　　）是删除容器的 docker 命令。

A. docker delete

B. docker rm

C. docker rmi

D. docker deletei

3. 下列（　　　）不是 Spring Cloud Gateway 的作用。

A. 注册服务

B. 限流控制

C. 权限校验

D. 路由转发

二、填空题

1. Eureka 是 Spring Cloud 中负责服务注册与发现的组件，其中_____是作为服务的注册与发现中心。_____既可以作为服务的生产者，又可以作为服务的消费者。

2. Docker 的核心组件包括_____、_____和_____。

3. Nginx 负载均衡常用的 Server 配置参数中使用_____模块定义一组真实服务器。

三、简答题

1. 简述 Spring Boot 和 Spring Cloud 的区别。

2. 简述 DockerFile 中 copy 和 add 命令有什么区别。

四、实训题

编写 Dockerfile，实现以下功能：基于 CentOS 7 系统构建 Nginx 镜像，默认提供 nginx-1. 18. 0. tar. gz 包。

参考文献

［1］熊君丽，刘鑫．Java EE 框架应用开发（SpringBoot+VueJS）［M］．北京：机械工业出版社，2021.

［2］熊君丽．Java EE 软件开发案例教程（Spring+Spring MVC+MyBatis）［M］．北京：电子工业出版社，2020.

［3］贾志杰．Vue+Spring Boot 前后端分离开发实战［M］．北京：清华大学出版社，2021.

［4］李兴华．名师讲坛：Spring 实战开发（Redis+SpringDataJPA+SpringMVC+SpringSecurity）［M］．北京：清华大学出版社，2019.

［5］徐丽健．Spring Boot+Spring Cloud+Vue+Element 项目实战：手把手教你开发权限管理系统［M］．北京：清华大学出版社，2019.

［6］王松．深入浅出 Spring Security［M］．北京：清华大学出版社，2021.

［7］陈木鑫．Spring Security 实战［M］．北京：电子工业出版社，2019.

［8］宁海元，周振兴，彭立勋，等．高性能 MySQL［M］．3 版．北京：电子工业出版社，2013.

［9］汪云飞．JavaEE 开发的颠覆者：Spring Boot 实战［M］．北京：电子工业出版社，2016.

［10］梁灏．Vue.js 实战［M］．北京：清华大学出版社，2017.

［11］王松．Spring Boot+Vue 全栈开发实战［M］．北京：清华大学出版社，2018.

［12］陈学明．Spring+Spring MVC+MyBatis 整合开发实战［M］．北京：机械工业出版社，2020.

郑重声明

高等教育出版社依法对本书享有专有出版权。任何未经许可的复制、销售行为均违反《中华人民共和国著作权法》，其行为人将承担相应的民事责任和行政责任；构成犯罪的，将被依法追究刑事责任。为了维护市场秩序，保护读者的合法权益，避免读者误用盗版书造成不良后果，我社将配合行政执法部门和司法机关对违法犯罪的单位和个人进行严厉打击。社会各界人士如发现上述侵权行为，希望及时举报，我社将奖励举报有功人员。

反盗版举报电话　（010）58581999　58582371

反盗版举报邮箱　dd@hep.com.cn

通信地址　北京市西城区德外大街 4 号　高等教育出版社法律事务部

邮政编码　100120

读者意见反馈

为收集对教材的意见建议，进一步完善教材编写并做好服务工作，读者可将对本教材的意见建议通过如下渠道反馈至我社。

咨询电话　400-810-0598

反馈邮箱　gjdzfwb@pub.hep.cn

通信地址　北京市朝阳区惠新东街 4 号富盛大厦 1 座　高等教育出版社总编辑办公室

邮政编码　100029